KATHARINA VON DER LEYEN

HÜHNER LIEBE

Das große Praxisbuch

KATHARINA VON DER LEYEN

HÜHNER LIEBE

Das große Praxisbuch

Kapitel 7

MIT HÜHNERN STRESSFREI UMGEHEN

Kapitel 8

PLAGEGEISTER UND FRESSFEINDE

Kapitel 9

DURCHS HÜHNERJAHR

Kapitel 10

MÜTTER IN SPE – GLUCKEN

Kapitel 11

WIE MAN NOCH MEHR HÜHNER MACHT – KÜKEN

Kapitel 12

KRANKES HUHN, WAS NUN?

Kapitel 13

DAS EI – EIN WUNDER DER NATUR

Kapitel 14

EIERREZEPTE

ZUM NACHSCHLAGEN

HÜHNERLIEBE!

Hühner sind das personifizierte Bild des Land-Idylls. Dabei sind sie längst viel mehr als eierlegende bäuerliche Nutztiere (oder eierlegende Eierlegenden): Als zutrauliche, hübsche, sehr beschäftigte, pflegeleichte, kluge und angenehme Haustiere erobern sie inzwischen auch immer mehr urbane Gärten.

Wer sich Hühner in den Garten holt, holt sich die Natur zurück und damit etwas nicht Planbares, aber Geerdetes: Hühner tun uns gut. Im Gegensatz zu vielen anderen Haustieren sind Hühner äußerst genügsam, kostengünstig zu halten und sehr unkompliziert. Sie fordern nur wenig, kommen mit relativ wenig Zuwendung klar und bescheren uns trotzdem jeden Tag das Wunder Ei. Eier von eigenen Hühnern schmecken deutlich besser und sind gesünder, weil wir selbst steuern, was die Tiere zu fressen bekommen. Gleichzeitig können wir unseren Kindern anhand von drei, vier Hühnern ganz beiläufig einiges über Nachhaltigkeit und Verantwortung beibringen.

Hühner sind nicht wählerisch, was ihre Unterkunft betrifft, solange sie wetterfest, sauber und sicher vor Feinden wie Fuchs, Marder, Katzen und Raubvögeln ist. Sie sind ideale Resteverwerter und freuen sich über Reste vom Mittagessen ebenso enthusiastisch wie über Salat, abgestandenes Müsli oder Babybrei. Sie sind großartige Düngerlieferanten, können erstaunlich anhänglich sein und entschleunigen besser als Yoga, weil sie so überhaupt nichts von uns erwarten. Und wenn man sich erst einmal die Zeit nimmt, ihnen genauer zuzusehen, wird man feststellen, dass sie, anders als die anonymen Hühner, die man vielleicht irgendwann mal in der

»Ich wollt,

ich wär ein Huhn.
Ich hätt' nicht viel zu tun.
Ich legte vormittags ein Ei
und abends wär ich frei.
Mich lockte auf der Welt,
kein Ruhm mehr und kein Geld.
Und fände ich das große Los,
dann fräße ich es bloß.
Ich bräuchte nie mehr ins Büro.
Ich wäre dämlich aber froh.
Ich wollt, ich wär ein Huhn.
Ich hätt nicht viel zu tun.
Ich legte täglich nur ein Ei
und sonntags auch mal zwei.
Peter Kreuder/Hans Fritz Beckmann/
Wilbur Pauley

Nichts sagt so deutlich.
»Alles wichtig, alles meins«
wie ein Haushof-patrouillie-
render Haushahn.

Der Seidenhuhn-Hahn hat den ganzen Tag zahllose Aufgaben zu erfüllen, um seinen Hofstaat zufriedenstellen zu können.

Kindheit oder auf einem Bauernhof kennengelernt hat, echte Persönlichkeiten sind.
Das Hühnerleben gleicht einer Büro-TV-Serie auf höchstem Niveau: Von tiefen Freundschaften über feste Gemeinschaften beim Spaziergang, fieses Mobbing und Zickenkrieg bis hin zu Kitas ist Hühnern nichts Menschliches fremd, selbst trauernde Witwen, Kindermädchen, Jugendgangs und zweckgebundene Wohn- und Schlafgemeinschaften gehören dazu. Die Menschlichkeit von Hühnern wirkt beruhigend: Vor meinem Hauptgehege stand lange Zeit eine Bank, auf der immer wieder Spaziergänger oder Nachbarbauern saßen und einfach nur den Hühnern zusahen. Wirklich das Beste, was man zum »Runterkommen« machen kann, ist: einfach Hühner schauen und dabei zwangsläufig über sich selbst nachdenken.

VON WEGEN DUMMES HUHN

Hühner sind keineswegs geistlose, dusselige Eier-Automaten, sondern zeigen komplexe Verhaltensweisen, ausgeklügelte Alltagsrituale und verfügen über ein ausgeprägtes soziales Gefüge inklusive enger Freundschaften, Cliquen und Außenseitern, Kindergruppen und Brutgemeinschaften. Vor allem haben sie den ganzen Tag unglaublich viel zu tun. Der Hahn muss seine Damen beschützen, er muss ihnen ein kleines Tänzchen vormachen, sobald er etwas zu fressen gefunden hat, und manche Hähne machen es sich sogar zur Aufgabe, regelmäßig jedes einzelne Legenest zu überprüfen, als wollten sie sicherstellen, dass es darin weich genug ist und nicht zieht.
Die Damen beobachten einander den ganzen Tag, um es den anderen dann gleichzutun, sie spenden Applaus, wenn eine von ihnen ein Ei gelegt hat, warnen sich gegenseitig, wenn Gefahr in Verzug ist, und unterstützen einander bei der Kükenaufzucht. Bei meinen Seidenhühnern herrscht eindeutig »Frauenpower« beim Brüten: Sie brüten grundsätzlich zu zweit oder sogar zu dritt, und wenn eine aufsteht, um aufs Klo zu gehen, zu fressen oder zu trinken, rollt die zweite Henne derweil alle Eier unter sich, damit sie nicht auskühlen. Sobald die andere zurückkommt, holt sie sich ein paar Eier zurück, um weiterzubrüten.
Weil Küken schon im Ei mit ihren Glucken kommunizieren, klappt anschließend auch die Aufzucht mit mehreren Müttern: Durch leises Gackern, Gemurmel und Gepiepe, das die Küken im Ei von den mehreren Müttern hören, wird schon vor dem Schlüpfen eine Bindung aufgebaut. Die Hennen teilen sich die Aufzucht, zeigen den gemeinsamen Küken, wo sie Futter finden und was alles essbar ist, sie warnen sie vor Gefahr und zeigen ihnen zu zweit oder dritt den Weg nach draußen – und wieder ins Hühnerhaus hinein.
Hühner sind echte Charaktervögel mit eigenen Persönlichkeiten. Manche von ihnen haben sehr viel Charme, andere gar nicht. Hühner lernen ganz leicht kleine Kunststücke wie Slalom oder Klavierspielen. Die braune Legehenne Paula der Filmtiertrainerin Renate Hiltl (die beispielsweise auch den Collie aus dem letzten »Lassie«-Film trainiert hat) kann Schnüre aufknoten und Plakate auseinanderrollen. Wenn Hühner erst einmal Vertrauen geschöpft haben, werden viele ganz handzahm, wobei sie deutliche Unterschiede zwischen bekannten und fremden Menschen machen. Betrachtet man die Vogelwelt insgesamt, sind

Hühner sogar ziemlich intelligent. Sie sind lernfähig, können zählen und verstehen das Konzept von »Null«. Man kann ihnen mithilfe klassischer Konditionierung beibringen, Farben zu unterscheiden. Fast alle Hühner lernen früher oder später, wie sie am schnellsten aus ihren Volieren oder Gehegen herauskommen. Sie unterscheiden nicht nur ihre Menschen und Hunde von fremden Menschen und Hunden. Meine eigenen Hühner zum Beispiel sind gewohnt, dass bei uns dauernd fremde Hunde zu Besuch kommen, und nehmen das einigermaßen entspannt hin – solange ich in der Nähe bin. Sie tolerieren wildes Fangenspielen der hauseigenen Hunde, aber wenn fremde Hunde anfangen, im Garten zu toben, verziehen sie sich vorsichtshalber in ihr Haus oder ihre Voliere.

Hühner lernen, indem sie andere Hühner beobachten und es ihnen nachmachen (weshalb Hühner, die frisch irgendwo einziehen, ihnen fremde Dinge wie Rucola, Granatäpfel oder Bananen häufig nicht fressen, bis es ihnen irgendwann ein alteingesessenes Huhn vormacht). Schon deshalb ist es wichtig, die älteren Hühner in der Herde zu behalten, denn sie haben eine wichtige Vorbildfunktion. Hühner sorgen sich um das Wohlergehen anderer Hühner, sie sind empathisch; man weiß, dass eine Henne, die Stress bei ihren Küken bemerkt, aus lauter Sorge ihrerseits einen erhöhten Puls bekommt. Hühner machen sich Sorgen, wenn Mitglieder ihrer Herde krank sind, und versuchen, sie zum Mitkommen aufzufordern. Sie sitzen neben ihren Freundinnen oder ihrem Hahn, wenn es ihnen bzw. ihm nicht gut geht. Es gibt sogar immer wieder Geschichten, dass Hühner sich ganzer Würfe winziger verwaister Kätzchen annehmen und sie wärmen. Wenn das nicht Mitgefühl ist, was denn dann?

Hühner sind zu richtigen Bindungen fähig, was jeder Hühnerhalter schnell bemerkt: Es sind immer die gleichen, die einem durch den ganzen Garten folgen, die sich streicheln lassen oder zwischen den Füßen sitzen, wenn man irgendwo stehen bleibt. Eine meiner blau gesäumten Orpingtons kommt jedes Mal wie auf Kommando herbeigeeilt, wenn ich mich zum Arbeiten an einen bestimmten Gartentisch setze, und sitzt dort so lange wie ich – sicherlich auch in der Hoffnung, dass aus meinen Taschen irgendwelche Kekse fallen könnten, aber auch, weil sie Gesellschaft schätzt. Das ist auch der Grund, warum die Hühner, kaum sitzen wir auf der Terrasse, zu mehreren unter einem nahe gelegenen Busch Platz nehmen und mit geschlossenen Augen Siesta machen: Sie suchen die entspannte Nähe. Es sind auch immer die gleichen Hühner, die bestimmte Dinge miteinander tun, die nebeneinander auf den Stangen sitzen oder zusammen staubbaden. Ich habe eine alte Seidenhuhn-Henne, Berta, die so gut wie blind ist. Das wird von allen anderen Seidenhühnern im Stall respektiert: Berta wird nicht gepickt und keiner der überschwänglichen Junghähne versucht, sie zu bespringen (was sie ansonsten bei allen Hennen machen, die sich nicht auf eine Stange retten). Es sieht sogar so aus, als würde man ihr Platz machen, wenn ich Futter in den Stall stelle. Sie hat eine Freundin, Mary Christmas, die immer an ihrer Seite ist, mit ihr zusammen in einem bodenebenen Legenest schläft und sie zum Fressen und Trinken begleitet. Berta verlässt den Hühnerstall nicht mehr nach draußen, weshalb auch Mary Christmas viel weniger im

Freien ist, oft nur sehr eilig, etwa weil es draußen Rucola oder Bananen gibt. Berta ist nicht unglücklich mit ihrem Schicksal, sie bewegt sich langsam, aber stetig durch den Stall und sitzt am liebsten auf meinen Gummistiefeln, die sie von fremden Gummistiefeln genau unterscheiden kann.

Ich nehme Mary Christmas regelmäßig mit in ein Pflegeheim für Demenzkranke, wo ich Patienten mit einigen meiner Hunde, einem kleinen weißen Ziegenbock und ebendiesem Huhn besuche. Hühner als Therapietiere sind längst keine Seltenheit mehr: In vielen Seniorenheimen werden mittlerweile Hühner gehalten, um den Patienten etwas zu tun und ein Gesprächsthema zu geben. Die Bewohner erzählen mir immer von den Hühnern, die sie in ihrer Kindheit hielten, immer wieder höre ich besondere Geschichten über besondere Hühner, die länger leben durften als die anderen, oder wie sie sich ihre ersten Puppen kaufen konnten, indem sie sich mit der Aufzucht von Küken ihr eigenes Geld verdienten. Mary Christmas sitzt währenddessen friedlich auf dem Tisch und lässt sich von den alten Damen mit Sonnenblumenkernen, Gras und Bananenstückchen füttern, als wäre das ihr täglich Brot.

Selbst wenn im Englischen die Redewendung »to chicken out« bedeutet, sich feige davonzumachen: Ist es manchmal nicht einfach klüger, nicht in die direkte Konfrontation zu gehen, sondern sich lieber in Sicherheit zu bringen? Und sowieso: Wer je erlebt hat, wie eine Henne oder ein Hahn die Brut gegen viel größere Tiere wie Hunde, Gänse oder Katzen verteidigt, wird nicht mehr auf die Idee kommen, Hühner »feige« zu nennen. Hühner verstehen sehr gut, was in ihrer Welt vorgeht.

GUTEN START INS HÜHNER(HALTER)LEBEN

Viele Menschen beginnen ihre Karriere als Hobby-Hühnerhalter durch »Learning by Doing« und eignen sich ihr Spezialwissen erst im Laufe der Zeit an. Wenn der neue Hühnerhalter instinktiv weiß, was Hühner brauchen, haben seine Hühner Glück. Oft haben es »Erstlingshühner« allerdings nicht so gut, wie man es ihnen wünschen würde. Erfahrung gehört zur Hühnerhaltung zweifellos dazu: Je länger man sich mit Hühnern beschäftigt, desto besser kennt man sie und erkennt möglicherweise unübliche Verhaltensweisen und Symptome. Dennoch wundert man sich manchmal, wie wenig auch jahrelange Hühnerhalter von ihren Tieren wissen. Darum habe ich dieses Buch geschrieben: weil mir nach unzähligen Gesprächen mit Hühnerhaltern, Züchtern und potenziellen Hühnerfreunden klar wurde, dass die Wissensschicht ziemlich dünn ist und oft auf Althergebrachtem (auch althergebrachten Irrtümern!) beruht, nicht auf Fakten. Und es ist doch so: Je besser man Bescheid weiß, desto leichter werden alle Projekte, die man sich vornimmt. Auch die Hühnerhaltung.

Kapitel 1

HÜHNER-HALTUNG

Die wichtigsten Dinge, die Sie wissen sollten, wenn Sie sich Hühner anschaffen wollen: von den gesetzlichen Vorschriften über die gute Nachbarschaft bis zur Wahl der richtigen Rasse.

GANZ **LEGAL**

Immer mehr Menschen träumen davon, selbst Hühner zu haben. Doch ist das überhaupt überall erlaubt? Was Sie prüfen müssen, wenn Sie bei sich zu Hause Hühner halten möchten.

Grundsätzlich gelten Hühner als Kleintiere, die laut Baunutzungsverordnung auch in reinen Wohngebieten ohne Extragenehmigung gehalten werden dürfen. Es gilt allerdings »das Gebot der Rücksichtnahme« – und da wird es kompliziert. In besagter Baunutzungsverordnung heißt es nämlich: »In einem Wohngebiet ist die Zulassung von Anlagen der Kleintierhaltung nur zulässig, soweit die Kleintierhaltung den Rahmen der für eine Wohnnutzung typischen Freizeitbetätigung nicht sprengt und auch nicht der Eigenart des Gebiets widerspricht.« Das lässt natürlich Raum für Interpretationen und in Einzelfällen kann es durchaus sein, dass ein Gericht das in einen ganz engen Rahmen fasst. Insbesondere dann, wenn ein Hahn ins Spiel kommt, kann es mühsam werden.

AUF GUTE NACHBARSCHAFT

Hühner sind längst kein reines Landvolk mehr. Wer einen eigenen kleinen Garten oder Hinterhof hat, kann auch in der Stadt drei, vier von ihnen halten. Wenn Hühner sauber gehalten werden, riechen sie nicht mehr als die Wildgänse im Park oder die drei großen Golden Retriever der Nachbarn. Hühner sind auch nicht lauter als die donnernde Stereoanlage im dritten Stock oder die alle Jahre wieder eingesetzten Laubbläser. Hühner erlauben ihren städtischen Besitzern ein Haustier, das auch noch für ein gesundes Frühstück sorgt. Es ist unendlich viel einfacher, sich um Hühner zu kümmern, als um Hunde und anders als die Nachbarkatzen sind Hühner nachts ganz leise.

Wahrscheinlich hat jeder in seinem Leben schon einmal mit unangenehmen Nachbarn zu tun gehabt. Sei es nun Hundegebell, eine laute Party, samstagnachmittägliche laute Musik oder kreischende Kinder: Wenn der eigene häusliche Frieden durch ungewollten Krach gestört wird, kommt es leicht zu Frustrationen. Und obwohl wir unsere Hühner lieben, können wir leider nicht davon ausgehen, dass unsere Nachbarn unseren Enthusiasmus teilen. Bei vielen löst sich die Liebe zur Natur in heiße Luft auf, sobald sie regelmäßig einen Hahn krähen hören. Darüber diskutieren zu wollen ist sinnlos. Unterschiedliche Menschen haben die unterschiedlichsten Wahrnehmungen und Empfindungen, welche Geräusche sie stören. Das normale Gegackere von Hennen ist recht leise und unregelmäßig und gilt daher üblicherweise nicht als Störgeräusch. Hähne dagegen krähen. Auch wenn die Häufigkeit und Tonfrequenz von einzelnen Individuen abhängen, begrüßen Hähne das Tageslicht üblicherweise mit unüberhörbarer Begeisterung und setzen das Krähen dann mehr oder weniger häufig und laut über den ganzen Tag fort. Wenn sie nachts (etwa durch Hundegebell oder eine Party in der Nachbarschaft) geweckt werden, krähen sie ebenfalls. Hähne krähen einfach, so wie Singvögel singen. Sie markieren dadurch ihr Territorium, antworten anderen Hähnen in der Umgebung und teilen ihren Hennen mehr oder weniger wichtige Botschaften mit. Dagegen lässt sich nichts tun.

Meistens ist es so, dass in einem dörflichen Umfeld ein Hahn nicht nur geduldet wird, sondern auch ohne Erlaubnis gehalten werden darf. Dennoch gibt es zu Krähzeiten und Lautstärke die unterschiedlichsten Urteile. Bevor Sie also das erste Federvieh im Garten scharren lassen, sprechen Sie mit Ihren Nachbarn und rufen Sie einmal bei der Gemeinde an. Sind die Hühner erst einmal eingezogen,

müssen sie außerdem noch der zuständigen Bezirksverwaltungsbehörde gemeldet werden – und dasselbe gilt, wenn man die Hühnerhaltung irgendwann wieder aufgibt.
Wenn wir unsere Hühner frei laufen lassen, müssen wir davon ausgehen, dass sie irgendwann im Garten der Nachbarn landen. Nicht durchdringbare Zäune sind also ein Muss, vor allem dann, wenn es in der Nachbarschaft Hunde gibt. Denn wenn unsere Hühner mit ihren Plüschpopos vor fremden Hundenasen herumlaufen, kann weder der fremde Hund noch dessen Halter etwas dafür, wenn der Hund die Hühner jagt: Es ist sozusagen sein gutes Recht.
Manche Nachbarn befürchten, dass Hühnerhaltung Mäuse oder Ratten anziehen könnte. Das stimmt auch, allerdings ist das Risiko nicht höher als bei einem üblichen Komposthaufen. Sorgen Sie dafür, dass das Umfeld Ihres Stalls oder Geheges ordentlich aussieht, und lassen Sie kein Futter offen herumstehen, dann haben Ihre Nachbarn keinen Anlass zu Beschwerden.

Mit und ohne Nachbarn müssen Hühner amtlich erfasst werden: Jedes einzelne Huhn im Garten muss beim Veterinäramt und bei der Tierseuchenkasse gemeldet werden, das verlangt das Tierseuchengesetz (§ 14).
Wichtig sind bei der Anmeldung:

- Name und Anschrift des Halters
- Art und Anzahl der gehaltenen Tiere
- Nutzungsart und Standort der Tierhaltung

Bundeskleingartengesetz

Wer in seinem Kleingarten Hühner halten möchte und nicht nur Gartenzwerge, muss sich zuerst mit der Satzung des zuständigen Vereins auseinandersetzen. In Kleingärten ist die Tierhaltung laut Bundeskleingartengesetz grundsätzlich nämlich erst einmal verboten. Besser gestellt sind da die Laubenkolonisten aus den ostdeutschen Bundesländern, die noch vor der Wende mit der Hühnerhaltung im Kleingarten begonnen haben. Ihre Tierhaltungen genießen Bestandsschutz. Wenn im Westen die Vereinssatzung oder die Nutzungsordnung des Kleingartengebiets die Hühnerhaltung ausdrücklich erlaubt, so steht der privaten Hühnerhaltung nichts im Weg. Ansonsten kann vielleicht mit dem Vereinsvorstand besprochen werden, ob eine Hühnerhaltung ausnahmsweise erlaubt werden kann. Vielleicht lassen sich sogar genügend Mitstreiter im Verein finden, um eine hühnerfreundliche Satzungsänderung herbeizuführen.

Es ist gar nicht schwer, dafür zu sorgen, dass auch Ihre Nachbarn Ihre Hühner sympathisch werden. Meistens helfen schon wenige ausgesuchte Eier.

WELCHES HUHN PASST ZU MIR? – **AUSGESUCHTE HÜHNERRASSEN FÜR ALLE LEBENSLAGEN**

Heutzutage gibt es weltweit etwa 350 Hühnerrassen. Allein im europäischen Rassegeflügelstandard werden ca. 180 unterschiedliche Hühnerrassen und Farbschläge geführt. Welches Huhn passt zu Ihnen?

Auf rund acht Milliarden Menschen, die momentan auf der Erde leben, kommen ca. 50 Milliarden Hühner. Und ihre wahre Geschichte ist bis heute nebulös. Wahrscheinlich stammen die heutigen Haushühner vom südostasiatischen Bankiva- oder Buschhuhn ab, dessen Wildformen noch heute vorkommen. Die frühesten Hinweise auf Haushühner fanden Archäologen in China und Indien, sie stammen aus der Zeit von 5400 v. Chr.

Das Huhn wurde verehrt, geopfert und als Statussymbol gehalten. Die Weltkultur ist so voller Symbole, Projektionen und auf das Huhn bezogene Metaphern, dass es kein Wunder

ist, dass man diesem Tier lange Zeit Superkräfte zuschrieb. Das Ei ist das Symbol für Leben schlechthin, der Anfang von allem. Glucken gelten als Inbegriff für (übertriebene) Mütterlichkeit. Ein schwarzer Hahn steht für den Teufel, während die Wetterhähne auf den Kirchturmspitzen die Gläubigen an Aufrichtigkeit und Treue gemahnen sollen. Der Gockel ist aber auch das Symbol für (übertriebene) Männlichkeit, wahrscheinlich, weil Hennen sich so sehr an seinen schönen Schwanzfedern und dem großen roten Kamm orientieren – so sehr, dass sie nach einem Deckakt mit einem Hahn, der ihnen nicht gefällt, dessen Sperma wieder abstoßen können. Das soll ihnen mal eine nachmachen.

Als sicher gilt, dass das moderne Haushuhn vor etwa 8000 Jahren in Südchina und gleichzeitig in Indien, Burma und Thailand entstand. Wahrscheinlich sorgte dann der Hahnenkampfsport dafür, dass sich Hühner auf der ganzen Welt verbreiteten – nicht etwa die köstlichen Eier.

Die ersten domestizierten Hühner in Europa gab es um 700 v. Chr. in Südeuropa. Vor allem in Klöstern wurden sie als Fleisch- und Eierlieferanten gehalten.

Auch auf Bauernhöfen wurden Hühner jahrhundertelang frei gehalten. Sie schliefen auf Bäumen oder in den Scheunen und die Schlauen unter ihnen versteckten dort auch ihre Eier, damit man sie ihnen nicht wegschnappte, und brüteten sie aus. Weil sich Hühner auf diese Weise hauptsächlich innerhalb ihrer eigenen Familie vermehrten, entstanden durch Inzucht viele sogenannte Landhuhnrassen.

Die große Tierfreundin Queen Victoria, die nebenbei ab 1876 auch noch Kaiserin von Indien war, importierte Brahmas aus Indien und Chochins sowie Langschwanz aus China, die sie auf Schloss Windsor in einem prächtigen Hühnerstall unterbrachte und die damals als Inbegriff von Exotik galten. Viele Adelige taten es ihr nach. Exotische Hühner wurden zum Statussymbol.

Erst gegen Ende des 19. Jahrhunderts begriff der Mensch den wirtschaftlichen Wert von Hühnern und begann, Hühnerrassen mit bestimmten Eigenschaften wie Gewicht und Größe (für Fleisch) sowie Legefreudigkeit (für Eier) zu züchten. Im Jahr 1874 wurde in USA von der American Poultry Association ein Standard für Hühnerrassen eingeführt (eine Art Exzellenzkriterien).

Eine Hühnerrasse ist eine Gruppe von Hühnern, die sich äußerlich gleichen, ähnliche Gene haben und bei einer Verpaarung Nachkommen produzieren, die wiederum den ihren sehr gleichen.

Wie die meisten domestizierten Tiere wurden auch Hühner über Generationen für bestimmte Eigenschaften selektiert, die dem Menschen nützten. Unter diesen Eigenschaften waren beispielsweise

- Eierleistung
- verschiedenfarbige Eierschalen

- schnelle Gewichtszunahme (Mastrassen)
- mehr Brustfleisch
- ruhiges Verhalten und
- Resistenz gegen Krankheiten

Man unterscheidet bei den Hühnerrassen verschiedene Kategorien:

- Legerassen
- Fleischrassen
- Mehrzweckrassen
- Kampfhühner sowie
- Zier- und Langschwanzgeflügel

Zier- und Langschwanzgeflügel wurde eigentlich nur als Augenweide gehalten; in China galten die häufig sehr bunten oder extrem langschwänzigen hübschen Tiere als Statussymbol, denn ihre Eier sind meistens so klein, dass sie sich höchstens als »Snackeier« eignen. Rassehühner können wunderschön, faszinierend, exotisch und manchmal auch sehr seltsam aussehen. Häufig wirken sie wie Kunstprodukte, sind riesig oder winzig klein, tragen gigantische Hauben, wie elektrisiert abstehende Federn, haben befiederte oder seltsam lange oder kurze Beine. Manchmal fragt man sich, wo dabei überhaupt noch die Natur bleibt. Und doch lieben wir Hühner, weil wir so eine Sehnsucht nach der Natur haben.

Was wollen Sie?

Hühner sind nicht gleich Hühner und nicht jedes Huhn passt ohne Weiteres in jede Umgebung. Am besten stellen Sie sich also vor der Anschaffung einige Fragen: Was für eine Aufgabe sollen Ihre Hühner erfüllen? Dürfen sie frei im Garten herumlaufen? Möchten Sie vor allem wegen der Eier Hühner halten? Wollen Sie die Tiere auch schlachten? Möchten Sie Hühner für Ihre Kinder zum Anfassen oder um kleine Kunststücke mit ihnen zu üben?

HÜHNERRASSEN, DIE VIELE EIER LEGEN

Hühner, die zuverlässig jeden Tag Eier legen – auch im Winter –, sind sogenannte Legehühner oder Legehybriden, also jene typischen weißen oder braunen Hühner, die auch weiße oder braune Eier legen und daher auf den Eierkartons abgebildet sind. Diese Turbo-Hühner legen jährlich 260 Eier oder mehr und werden üblicherweise im Alter von 18 Monaten als sogenannte Suppenhühner ausgemustert, weil ihre Legeleistung dann nachzulassen beginnt. Man kann diesen häufig geschundenen Tieren ein neues, schönes Leben schenken, indem man sie beispielsweise über den Verein »Rettet das Huhn e. V.« adoptiert.

Legerassen haben aufgrund ihrer unglaublichen Leistung einen sehr hohen Nährstoffbedarf und müssen unbedingt mit hochwertigem und nährstoffoptimiertem Legemehl gefüttert werden, sonst überleben sie ihre eigene Legeleistung nicht lange.

Andere Rassen, die um die 200 Eier jährlich legen, sind Bielefelder, Bresse, Sundheimer, New Hampshire oder Amrocks.

1 Ein typisches Haushuhn, das jährlich ca. 260 oder mehr Eier legt. **2** Bressehühner oder »Le Bleues« tragen die Nationalfarben Frankreichs und stammen aus der Region Bresse. **3** Die seltenen Sundheimer gelten als das älteste »Zweitnutzungshuhn«. **4** Ramelsloher bestehen seit 1870 und sind in der Nähe von Hamburg entstanden.

1 Australorps gibt es in schwarz, weiß und blaugesäumt. Sie können nur schlecht fliegen und sind sehr friedlich, auch Hähne können zusammen gehalten werden. **2** Hampshires haben ein ruhiges Temperament und werden schnell zahm. Sie sind robust und können so gut wie nicht fliegen. **3** Das Welsumer Huhn ging Ende des 19. Jahrhunderts wohl aus rasselosen Bauernhühnern hervor. Es legt ab dem Frühjahr bis zu 80 Gramm schwere Eier.

WINTERLEGER

Wenn es nicht gleich Hochleistung sein muss, Sie aber gerne auch im Winter frische Eier zum Frühstück hätten, bieten sich diejenigen Hühnerrassen an, die unter dem wenig romantischen Begriff »Winterleger« zusammengefasst werden. Hennen dieser Rassen legen vor allem in den ersten beiden Lebensjahren durchgängig Eier, danach lässt ihr Eifer etwas nach – Winterleger hin oder her.
Als Winterleger gelten Australorps, Bresse, Dominikaner, Deutsche Lachshühner, Dresdner, Jersey Giants, New Hampshire, Orpingtons, Plymouth Rocks, Rhodeländer, Seidenhühner, Sundheimer, Sussex, Welsumer und Wyandotten.

Das Seidenhuhn wird sehr leicht zutraulich und kann aufgrund seiner Federstruktur nicht fliegen. Es ist ein zuverlässiger Winterleger und gluckt zuverlässig.

HÜHNER FÜR DEN GARTEN

Hühner sind wahre, richtige, ursprüngliche Jäger und Sammler. Sie laufen ständig sehr geschäftig umher, jagen Schmetterlinge und Grashüpfer, verschlucken winzige Frösche und Mäusekinder, scharren hier und dort, um ein paar Käfer zu fressen, sich den ein oder anderen Regenwurm aus dem Boden zu picken oder die anderen Hühner lautstark davon in Kenntnis zu setzen, dass hier ein delikates Ameisennest ist. Hühner überfressen sich im Auslauf nie, obwohl sie tatsächlich den ganzen Tag fressen – die Futtersuche ist das, was sie umtreibt. Je mehr Platz sie dafür zur Verfügung haben, desto weniger gestresst sind sie. Und je besser sie manchen Semi-Feinden, Mobbern oder Zicken in der eigenen Herde aus dem Weg gehen können, desto friedlicher ist diese.

Hühner brauchen ein Umfeld, in dem es große Mengen an Pflanzen gibt, die gleichzeitig Futter, Schutz vor Regen, praller Sonne und Raubvögeln bieten – ein Gelände also, welches das Dschungelgefühl ihrer ursprünglichen Herkunft imitiert. In Gärten mit großen Rasenflächen sieht man Hühner vor allem unter den Büschen am Rand, denn eine ungeschützte Rasenfläche ist eine gute Landemöglichkeit für Bussard, Habicht oder sogar größenwahnsinnige Sperber.
Es mag schockierend klingen, aber entgegen der allgemeinen Auffassung sind Hühner nur

1 Brahmas sind ruhig und zutraulich, brauchen als eine der größten Rassen aber viel Platz. **2** Das Sussex, ein Winterleger, gilt als neugieriges Zweinutzungshuhn. **3** Orpingtons legen ca. 340 Eier im Jahr, sind sehr anhänglich und handzahm. **4** Bielefelder wurden als Lege-Fleisch-Rasse gezüchtet und sind für schnelles Wachstum und gute Eierleistung bekannt.

bedingt gut für den Garten. Es stimmt, dass sie den Kompost oder Rasenschnitt umharken, aber dasselbe machen sie unglücklicherweise auch mit den Beeten. Sie sorgen im Freilauf im Laufe des Tages dafür, dass der Rasen gedüngt wird, sofern sie trotz Scharrens und Kuhlenaushebens zum Staubbaden von diesem überhaupt viel übrig lassen. Sie suchen nach Käfern und Würmern, aber sie fressen auch alle Beeren, die gesamte Petersilie und die meisten anderen Kräuter ebenso. Sie fressen das Streuobst und viele lästige Unkräuter, aber leider auch die frischen Zucchini, die Gurken und den kompletten jungen Salat. Wahrscheinlich verstehen Sie jetzt besser, warum die Gemüsegärten von Bauernhöfen immer eingezäunt sind.

Mit gutem Management kann man frei laufende Hühner und einen schönen Garten aber durchaus verbinden. Es hängt von der Größe und dem Design des Gartens ab, den Pflanzen, die bereits vorhanden sind oder noch gepflanzt werden, der Pflege, die Sie aufwenden möchten, der Jahreszeit, in der die Hühner tatsächlich den ganzen Garten nutzen dürfen, der Anzahl der Hühner und der Auswahl der Rassen, denn manche sind etwas pflanzen- und wurzelfreundlicher als andere. Je ruhiger die Rasse, desto weniger Grabungsarbeiten im Garten. Zu den »gartenfreundlichen« gehören beispielsweise Australorps, Brahmas, das Bielefelder Kennhuhn, Cochins, New Hampshire, Orpingtons, Sussex oder Wyandotten.

Die gemütlichen, freundlichen und legefreudigen Wyandotten stammen ursprünglich aus den USA. Heute werden auch Zwergformen dieser Rasse gezüchtet.

ZWERGRASSEN

Es gibt Zwergrassen und Zwergformen von bestimmten Hühnerrassen. Letztere sind in den meisten Fällen verkleinerte Versionen der sogenannten Großhühnerrassen. Dazu gehören Zwerg-Orpingtons, Zwerg-Australorps, Zwerg-Brahmas (die mit 1200 Gramm Hennengewicht vergleichsweise trotzdem ganz schön groß sind), Zwerg-Cochins, Zwerg-Wyandotten, Mille Fleur d'Uccles, Zwerg-Paduaner, Zwerg-Holländer-Haubenhühner, Zwerg-Chabos, Zwerg-Burma oder Zwerg-Seidenhühner.

»Echte« Zwergrassen, von denen es keine Großformen gibt, sind beispielsweise die Antwerpener Bartzwerge und Grubbe Bartzwerge, Zwerg-Brabanter, Zwerg-Ardenner, Zwerg-Friesen, Sebright und Japanischen Zwergseidenhühner.

Der Vorteil kleinwüchsiger Hühnerrassen ist natürlich auch, dass sie weniger Platz brauchen. Sie sind üblicherweise einfach nur ein Viertel so groß wie diese. Weil ihre Beine kürzer und häufig befedert sind, scharren sie zudem meist weniger und verletzen die Erde dabei nicht so stark. Außerdem können sie nicht so hoch in die Zweige oder über Zäune springen oder fliegen.

Der Nachteil der Zwerghühner ist, dass sie auch deutlich kleinere Eier legen (meistens nur halb oder gar nur ein Drittel so groß wie normale »L«-Eier). Und falls man sie schlachten möchte, ist auch weniger Fleisch an ihnen.

Das Zwergseidenhuhn ist im Vergleich zu anderen Hühnern schon als normale Großrasse winzig. Als Zwergrasse wiegt es nur noch ungefähr 600 Gramm.

1 Zwerg-Paduaner brauchen oft besondere Fress- und Wassernäpfe, damit Bart und Haube nicht leiden **2** Das neugierige Zwerg-Amrock eignet sich gut für Anfänger und Familien. **3** Zwerg-Welsumer sind aktiv und brauchen viel Beschäftigung. **4** Antwerpener Bartzwerge gehören zu den echten Zwergrassen. Sie sind lebhaft, werden aber schnell zahm.

1 Araucaner legen hübsche türkis- bis olivfarbene Eier. **2** Faverolles legen hellbraune Eier von ca. 60 Gramm. **3** Die Eier der amerikanischen Wyandotten reichen in der Farbe von hell- bis dunkelbraun. **4** Mit ihrer außergewöhnlichen Farbkombination steht das Vorwerkhuhn ziemlich alleine da. Es ist anspruchslos und legt viele weiße Eier.

BUNTE EIER

Jedes Ei an sich ist ein Kunstwerk, selbst jene Eier, die manchmal etwas aus der Form geraten sind (wie es zu diesem Phänomen kommt, erfahren Sie auf Seite 244). Manche Hühnerrassen legen zudem tatsächlich Eier in verschiedenen Farben wie Dunkelbraun, Gelb, Grün, Hellblau, Türkis oder Rosa.

Zu den bunt legenden Rassen gehören:

- Marans legen dunkle (schoko)braune Eier. Ebenfalls dunkelbraune Eier legen zum Beispiel Barnevelder, Rhodeländer, Wyandotten (je nach Huhn sind die Eier gelb bis dunkelbraun) und Welsumer (ihre Eier sind häufig getupft).
- Die spanischen Empordanesa und die italienischen Penedesenca legen rotbraune Eier.
- Gelbe (stroh- oder braungelbe) Eier legen beispielsweise Deutsche Reichshühner, Dresdner, Niederrheiner, Phönix, Plymouth Rock, Sachsenhühner, Sussex (teilweise gesprenkelt), Vorwerk oder die deutsch-japanische Rasse Yokohama, die rötlich-gelbe bis gelbe Eier legt, und auch das nur zu Sonn- und Feiertagen: Yokohamas legen nur ungefähr 65 Eier im Jahr. Wer so unglaublich schön ist, muss eben nicht auch noch viel leisten.
- Grüne Eier – blaugrüne, khakifarbene, braungrüne oder olivgrüne – legen vor allem Araucana und deren Mixe (die dann »Olivleger« genannt werden) oder die Schwedischen Isbar, Cream Legbar und Javaneser.
- Rosa Eier legen Faverolle und La Flèche (sehr zartrosa, fast weiß). Schweizerhühner legen rosa getupfte Eier.

Eier müssen nicht immer nur hellbraun oder weiß sein. Je nach Hühnerasse sind sie von Natur aus bunt »gefärbt«.

- Sehr viele Rassen legen aber auch einfach nur weiße Eier so wie zum Beispiel weiße Legehybriden, Deutsche Sperber, Eulenbarthühner, Antwerpener Bartzwerge, Friesenhühner, Hamburger, Holländische Haubenhühner, Leghorn, Lakenfelder, Italiener, Ostfriesische Möwen, Paduaner, Rheinländer, Vogtländer oder Westfälische Totleger.
- Vorwerkhühner legen Eier in feinem Weiß-Creme.

Bei den Brahmas fällt der große, massig gebaute Körper ins Auge, verstärkt wird dieser Eindruck noch durch das üppige Federkleid. Der eher kurze Körper geht fließend in den niedrig getragenen Schwanz über. Brahmas haben kurze, üppig befiederte Hälse, der Kopf ist im Verhältnis zum Körper recht klein.

HÜHNERRASSEN MIT BEFEDERTEN FÜSSEN

Hühnerrassen, deren Füße befedert sind, scheinen weniger eifrig in der Erde zu scharren als Hühner mit nackten Beinen. Deshalb können sie für all jene, die ihre Hühner frei im Garten herumlaufen lassen möchten, ohne auf die Unversehrtheit von Rasen und Beeten verzichten zu müssen, eine gute Wahl sein.
Einige der Rassen mit befederten Beinen sind Cochins, Brahmas und Zwerg-Brahmas, Faverolles, Seiden- und Zwergseidenhühner, Sultans, Lachshuhn, Zwerg-Bredas oder Federfüßige Zwerghühner.

HÜHNERRASSEN FÜR KINDER

Wenn man Hühner halten möchte, mit denen auch Kinder etwas anfangen können, sollte man sich mit Rassen umgeben, die als zutraulicher gelten. Dazu gehören außer den Seidenhühnern, die sehr interessiert an Menschen sind und aufgrund ihrer Federkonstruktion nicht (weg)fliegen können, vor allem die etwas schwereren Rassen wie Orpingtons, Australorps oder Cochins. Sie sind grundsätzlich etwas entspannter und gemächlicher.
Hühner sind nicht wirklich verschmust. Das ein oder andere Huhn mag durch Gewöhnung auf dem Schoß sitzen bleiben oder Futter aus der Hand nehmen, manche hocken bei ihren Menschen auch auf der Schulter, aber das sollte man nicht prinzipiell erwarten. Seidenhühner sind gute »Sitzhühner«, die in aller Ruhe auf dem Knie sitzen bleiben, wenn sie einen kennen (genauso wie Cochins oder Orpingtons). Dafür kann man Seidenhühnern nicht viel beibringen: Sie lassen sich nur schwer konditionieren. Braune Legehybriden können sehr anhänglich werden und sind laut der Filmtiertrainerin Renate Hiltl die Hühner, die sich am leichtesten trainieren lassen. Auch Lachshühner, Ramelsloher, Antwerpener Bartzwerge oder Grubbes können sehr zahm werden, was natürlich vor allem davon abhängt, wie viel wir uns mit ihnen beschäftigen und wie oft wir ihnen etwas mitbringen. Denn wenn wir ehrlich sind, betrachten Hühner uns vor allem als wandelnde Futterautomaten. Was den Kuschelfaktor betrifft, können Hühner eine Katze nun einmal nicht ersetzen.

EINE BUNTE TRUPPE HALTEN

Grundsätzlich spricht nichts dagegen, einzelne Exemplare von verschiedenen Rassen zu halten; das macht den Garten schön bunt. Für die Hühner selbst ist es jedoch schöner, wenn sie wenigstens einen Verbündeten ihrer eigenen Rasse haben, denn bei Vögeln ist die Prägephase (also das, was sie in den ersten sechs Wochen ihres Lebens sehen und kennenlernen) entscheidend. Ein einzelnes Seidenhuhn hat es sehr schwer in einer Truppe aus lauter Araucanern oder Orpingtons, eine einzelne Orpington-Henne ist unglücklich zwischen lauter Marans – und bekommt als Außenseiter ständig eins auf die Mütze. Hühner vergesellschaftet man am besten paarweise, das läuft für »die Neuen« am glimpflichsten ab. Wichtig ist auch, dass die Hennen dem möglicherweise vorhandenen Hahn gewichtsmäßig nicht zu sehr unterlegen sind. Ein schwerer Hahn kann ein kleineres Huhn ernsthaft verletzen.

Kapitel 2

DEIN HUHN, DAS DIR (NOCH) UNBEKANNTE WESEN

Wer Hühner hält, muss wissen, wie sie sich normalerweise verhalten und verständigen. Denn daran kann man erkennen, ob es ihnen gut geht oder ob etwas nicht stimmt.

WIE HÜHNER **DIE WELT WAHRNEHMEN**

Die Welt eines Huhns ist recht überschaubar. Das bedeutet aber noch lange nicht, dass Hühner dem, was um sie herum passiert, keine Aufmerksamkeit schenken würden. Im Gegenteil!

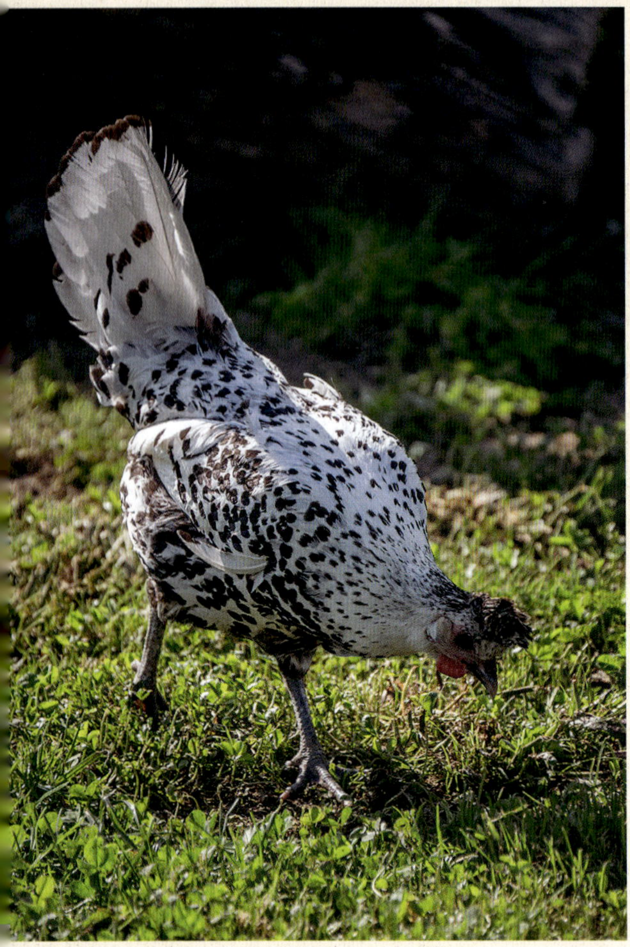

Sehen, riechen, schmecken: Wie wir Menschen erleben auch unsere Hühner ihr Umfeld anhand verschiedener Sinneseindrücke. Ein paar Unterschiede gibt es aber …

WIE HÜHNER SEHEN

Hühner beobachten ständig, was um sie herum passiert. Sie sehen auch viel genauer und detaillierter als wir, brauchen aber länger, um die Bilder zu verarbeiten. Farben im Bereich von Rot und Gelb sehen sie am besten, während das Sehen im blauen bis violetten Bereich sehr eingeschränkt ist. Das ist auch der Grund, warum viele Hersteller von Tränken und Futterautomaten ihre Modelle gerne in Rot herstellen.

Nachts sind Hühner ziemlich blind und auch das räumliche Sehen fällt ihnen aufgrund ihrer Anatomie nicht ganz leicht: Weil ihre Augen jeweils seitlich am Kopf liegen, müssen sie ein Objekt erst mit dem einen, dann mit dem anderen Auge fokussieren. Das ist auch der Grund, warum Hühner sich in einer Art Zickzack vorwärtsbewegen, anders könnten sie das Gleichgewicht gar nicht finden.

Außerdem sind Hühner ausgesprochen kurzsichtig: Bis zu einer Entfernung von etwa fünf Metern können sie hervorragend auch kleinste Gegenstände erkennen. Um ein Korn aufzupicken – das bekanntermaßen ab und zu auch von einem blinden Huhn gefunden werden kann –, muss das Huhn den Kopf erst einmal weit zurücknehmen und das Korn dann mit einer Vorwärtsbewegung mit dem Schnabel aufnehmen. In der Ferne sehen Hühner dagegen eher schlecht und sie nehmen dann auch nur relativ große Dinge wahr (bis zu einer Entfernung von 50 Metern).

DER SIEBTE SINN VON HÜHNERN

Dafür besitzen Hühner die Möglichkeit, schon kleinste Vibrationen auf dem Boden oder aus der Luft auf ihrer Haut und vor allem an den Beinen wahrzunehmen. So können sie trotz ihres eingeschränkten Sehvermögens Feinde in ungünstigen Blickwinkeln oder in schwärzester Nacht wahrnehmen. Das ist wahrscheinlich auch der Grund, warum die Haut von Hühnern nicht über Schweißdrüsen verfügt – was sie sehr empfindlich gegenüber großer Hitze macht. Hühner haben zwar eine recht hohe Körpertemperatur, die zwischen 39,8 und 43,6 Grad schwanken kann und über die sogenannte Zirbeldrüse (die auch die Eiablage maßgeblich bestimmt) geregelt wird.

Hühner können starke Hitze nur regulieren, indem sie den Schnabel aufsperren und hecheln, während sie die Flügel anheben, damit die Luft besser zirkulieren kann. Um Hühner vor einem Hitzschlag zu bewahren, gibt man ihnen in heißen Sommern am besten die Möglichkeit, den Schnabel in kaltes Wasser (gerne auch mit Eiswürfeln versehen) zu halten, um so abzukühlen.

Hühner sind ausgesprochen kurzsichtig, dafür können Sie auf bis zu fünf Metern auch kleinste Gegenstände hervorragend erkennen.

DER SCHNABEL

Der Hühnerschnabel funktioniert ähnlich wie die Hände des Menschen. Hühner nutzen ihn, um Dinge besser kennenzulernen und zu untersuchen. Der Schnabel ist eine Art »Multifunktions-Werkzeug«, das mit zahlreichen Tastkörperchen und einem empfindlichen Nervenzellgeflecht ausgestattet ist und für alles eingesetzt wird: vom Futterpicken über das Herumrollen der Eier, die Aufzucht der Küken, das Balzen, Kämpfen und Putzen bis hin zur Orientierung in schlechtem Licht. Mit seinem Schnabel kann ein Huhn Form, Größe, Konsistenz und Oberflächenbeschaffenheit von Dingen – und vor allem Futter! – wahrnehmen.

GERUCHSSINN

Hühner haben ca. 570 verschiedene Geruchsrezeptoren-Gene, von denen etwa 80 Prozent aktiv sind. Der Mensch besitzt rund 1000 dieser Gene, allerdings sind davon nur etwa 50 Prozent aktiv. Hühner sind also durchaus Spürnasen. Sie brauchen und nutzen ihren Geruchssinn, um sich zu orientieren, um Nahrung zu finden und Feinde zu erkennen. Sie können einzelne Hühner oder Menschen an ihrem Geruch unterscheiden und erkennen, mit wem sie verwandt sind.

GESCHMACKSSINN

Im Gegensatz zum Menschen, der auf der Zunge etwa 10 000 Geschmacksknospen besitzt, haben Hühner nur ca. 25 Rezeptoren für Geschmacksreize. Sie sitzen sehr weit hinten in der Schnabelhöhle im Bereich des Gaumens und lassen sie daher erst recht spät zwischen süß, sauer und bitter unterscheiden. Nimmt ein Huhn einen negativen Geschmacksreiz wahr, kann es das Schlucken gar nicht mehr verhindern. Hühner verlassen sich daher bei der Akzeptanz eines Futters sehr stark auf ihre Erfahrung. Wurde ein Futtermittel einmal als nicht genießbar registriert, wird es nie mehr akzeptiert werden. Dabei orientiert sich das Huhn auch an der Form oder der Farbe des Futters.

Lange wurde behauptet, Hühner würden den Geschmäckern Süß, Sauer oder Salzig – wenn überhaupt – nur wenig Beachtung schenken. Was Hühnerhalter schon lange vermutet haben, wurde nun jedoch auch in Studien bewiesen: In einem Versuch, bei dem man den Tieren Wasser mit Zucker und Wasser mit Süßstoff vorsetzte, wurde das Zuckerwasser gerne angenommen, das mit Süßstoff aber abgelehnt. Menschliche Probanden übrigens empfanden beides als »angenehm süßlich«.

SCHLAF

Hühner schlafen sehr tief, fast so, als würden sie in eine Art Trance fallen. Egal, ob sie den ganzen Tag draußen im Freien oder in einer gesicherten Voliere herumlaufen durften: In der Dämmerung kommen sie alle zurück in ihren Stall und suchen sich ihren – normalerweise festen – Platz auf der Sitzstange. Man muss sie dazu nicht überreden. Die Aufgabe ihres Menschen ist es lediglich, abends einmal durchzuzählen, damit nicht ein Huhn versehentlich ausgesperrt wird. Es würde sonst einem Fressfeind zum Opfer fallen.

WIE ALT WERDEN **HÜHNER?**

Diese Frage lässt sich gar nicht so leicht beantworten. Die natürliche Lebenserwartung von acht bis zehn Jahren schrumpft beispielsweise bei Masthähnchen auf gerade mal 40 Tage. Diese Hühner werden für ein turbomäßiges Wachstum gezüchtet und ließe man sie länger leben, würden sie an Osteoporose, Knochenbrüchen und Herzerkrankungen elendig zugrunde gehen.

Konventionellen Legehybriden in der Massentierhaltung geht es nicht besser: Sie leben etwa 12 bis16 Monate lang auf einer Fläche von 0,11 Quadratmetern, danach werden sie ausgemustert, an ein neues Zuhause abgegeben oder geschlachtet. Indem ihre Legeleistung durch verschiedene Faktoren noch weiter gesteigert wird – verlängerte Tagesphasen mithilfe künstlichen Lichts, Hochleistungsfutter und auf Idealtemperatur hochgeheizte Ställe –, macht man aus diesen Tieren Turbo-Eierleger.

Eine derart enorme Legeleistung zehrt unglaublich an den Kräften der Hühner und dementsprechend an ihrem Immunsystem, sodass sie, auch wenn sie anschließend in artgerechte Hobbyhaltung abgegeben werden, ab dem dritten Lebensjahr häufig sehr schlecht und zerzaust aussehen, anfällig werden für Tumoren und schließlich mit rund vier Jahren sterben.

Das gilt wohlgemerkt für die bemitleidenswerten Hühner aus Massentierhaltung. In einer sorgfältigen, artgerechten Haltung werden Hühner, die zu den vitaleren Rassen gehören, meistens sechs bis acht Jahre alt.

Es gibt sogar einige ganz »hartnäckige« Exemplare, die bis zu zehn Jahre alt werden. Hähne schaffen das übrigens deutlich öfter als Hennen – und zwar ganz egal, zu welcher Rasse sie gehören.

WAS SICH IM ALTER VERÄNDERT

Ältere Hühner werden mit der Zeit ruhiger und weniger aktiv. Sie legen weniger Eier – erst nur noch jeden zweiten Tag eins, dann irgendwann nur noch ein, zwei Eier pro Woche und diese Eier sind meistens auch kleiner als früher. Ihr Federkleid wirkt häufig etwas stumpfer und manchmal etwas dünner, Kamm, Kehllappen und/oder Ohrenscheiben verblassen. Älteren Hühnern hilft man gerade im Winter sehr, indem man Vitaminpräparate ins Trinkwasser gibt und mehr frisches Gemüse und Obst füttert.

Hühnersenioren suchen dafür häufiger die Nähe des Menschen. Ich habe eine sehr alte Seidenhenne von etwa acht Jahren, die, wenn wir auf der Terrasse sitzen, am liebsten bei uns unter einem Stuhl sitzt und sich über die Extrakrümel freut, die ihr wie zufällig vor die Füße fallen.

HÜHNERSPRACHE
MEHR ALS GACKERN

Sowohl Sprache als auch Gehör sind beim Huhn hoch entwickelt. Unsere Haushühner haben einen weitaus höheren »Wortschatz« als Wildhühner - und sie sind ungleich geschwätziger. Wer kann, der kann.

Hühner besitzen eine hohe Kommunikationsfähigkeit, auch wenn Forscher fast 100 Jahre brauchten, um zu erkennen, was in ihren Köpfen vor sich geht. Man weiß mittlerweile, dass ihre kognitiven Fähigkeiten diejenigen von Kleinkindern deutlich übersteigen. In den 1950er-Jahren sortierten die Wissenschaftler Nicholas und Elsie Collias an der University of California in Los Angeles die unterschiedlichen Laute von Hühnern und entdeckten dabei 24 verschiedene Rufe, die für unterschiedliche Ereignisse eingesetzt werden. Nähert sich ein unbekanntes Wesen (= Feind) am Boden, ertönt das typische, aufgeregte Gackern. Droht (mögliche) Gefahr von oben, stoßen Hühner ein hohes, relativ leises »iiiiih« aus. Möchte ein Hahn seiner Damengruppe mitteilen, dass er etwas Fabelhaftes zum Fressen gefunden hat, macht er ein aufgeregtes «Duck duck duck duck duck« und scharrt dabei aufgeregt. Erst in den 1990er-Jahren gelang es dem Verhaltensforscher Chris Evans von der Macquarie University in Sidney mithilfe verschiedener digitaler Geräte, die Funktion von Hühnerrufen unter kontrollierten Bedingungen zu testen und ihre Reaktionen aufzuzeichnen. Seine Ergebnisse zeigten, dass Hühner sich unterhalten können, und das sogar sinnbringend: Sie informieren einander über Futterstellen und verwenden bis zu 20 verschiedene Laute je Futterart. Die Signale von Hühnern beziehen sich auf spezifische Objekte und Ereignisse und übermitteln ganz bestimmte Informationen, die von den anderen Hühnern genau verstanden werden – ähnlich wie menschliche Worte. Das Gackern nach einem Futterwechsel ist ein anderes Gackern, als das, das bei normalem Futter ertönt.

Durch den Ruf eines Huhns wird beim Empfänger der Botschaft ein mentales Bild des jeweiligen Objektes oder Ereignisses und dadurch die entsprechende Reaktion ausgelöst. Darüber hinaus stellte sich heraus, dass Hühner ihre Botschaften den vorhandenen Kollegen anpassen: Entdeckt ein Hahn eine Bedrohung von oben, wenn eine Henne in seiner Nähe ist, schlägt er Alarm. Ist ein anderer, rivalisierender Hahn in der Nähe, hält er einfach die Klappe. »Anscheinend denken Hühner, bevor sie handeln«, schrieben Carolyn L. Smith und Sarah L. Zielinski in ihrer verhaltensbiologischen Zusammenfassung »Schlaue Hühner« in »Spektrum der Wissenschaft«, Mai 2015. »Das hätte man dem walnussgroßen Hühnerhirn gar nicht zugetraut.« Hühner haben offensichtlich komplexe kognitive Fähigkeiten, die man üblicherweise höchstens noch Menschenaffen zuschreibt. »Hühner sind listig, durchtrieben und zur Einfühlung in Artgenossen fähig«, so Smith und Zielinski. »Obendrein können sie differenziert kommunizieren.«

DIE KÖRPERSPRACHE VON HÜHNERN

Weil Hühner üblicherweise in größeren Gruppen leben, haben sie eine ausgeprägte Körpersprache, an der sich auch dann viel ablesen lässt, wenn sich das jeweilige Huhn etwas weiter weg befindet. Diese nonverbale Kommunikation folgt strengen Regeln.

FUTTERLOCKEN

Hat der Hahn etwas Interessantes gefunden, vollführt er eine Art Tänzchen, um seine Hennen anzulocken. Er schüttelt den Kopf, pickt winzige (oder nur angedeutete) Futterbröckchen auf und lässt sie wieder fallen – das Ganze mehrfach hintereinander. Dabei geraten Kamm und Kehllappen in Wallung, was wiederum die Hennen hypnotisch herbeilockt.

Weil Hühner üblicherweise in größeren Gruppen leben, haben sie eine ausgeprägte Körpersprache, an der sich auch dann viel ablesen lässt, wenn sich das jeweilige Huhn etwas weiter weg befindet.

Forscher haben herausgefunden, dass Hähne mit großen Kehllappen von Hennen deutlich bevorzugt werden.

FLÜGELSCHLAGEN

Dieses Verhalten zeigen nur Hähne, um ihren Führungsanspruch bzw. ihre Überlegenheit darzustellen: Sie schlagen die Flügeldecken klatschend zusammen (häufig krähen sie im Anschluss). Das scheint auf ihre Damen unwiderstehlich zu wirken, denn Studien haben gezeigt, dass Hennen scheinbar jene Hähne am tollsten finden, die dieses »Theater« möglichst häufig hintereinander machen.

FLÜGELSCHWENKEN

Diese Geste wird von rangniederen Hühnern vor eindrucksvollen Artgenossinnen gezeigt. Dabei legt das Huhn das Gefieder zuerst ganz eng an und schwingt dann zögerlich zwei-, dreimal mit den Flügeln, bevor es sich zurückzieht.

HINHOCKEN

Wenn Hühner sich auf den Boden legen und die Flügel leicht ausbreiten, machen sie dies als Unterwerfungsgeste – entweder gegenüber einem Hahn (wenn sie bereit zum Decken sind) oder gegenüber einem Menschen, wenn sie gewohnt sind, von der Menschenhand hochgenommen zu werden.

PUTZVERHALTEN

Ein Huhn putzt sich nur, wenn es sich entspannt und sicher fühlt. Dabei verteilt es mit dem Schnabel Fett aus der sogenannten Bürzeldrüse auf der Oberseite der Schwanzwurzel auf seinen Federn. Dadurch wird das Gefieder zum einen von Staub befreit, bleibt zum anderen länger sauber und wird außerdem noch wasserabweisend.

SCHNABELWETZEN

Hühner sind reinliche Tiere und säubern ihre Schnäbel, nachdem sie etwas Feuchtes verspeist haben, indem sie sie an harten Oberflächen wetzen. Gleichzeitig formen und schärfen sie ihre Schnäbel dadurch, denn ohne diese Maßnahmen würden diese immer weiter wachsen – ganz ähnlich wie unsere Fingernägel.

KRATZFUSS

Der Kratzfuß, den man früher bei Hofe als Unterwerfungsgeste zeigte, ist bei Hähnen eine Überlegenheitsgeste gegenüber einem jüngeren Artgenossen oder einer besonders schicken Henne, die der Hahn gerne decken möchte. Dabei stakst der Hahn in einem Halbkreis mit dem abgewandten aufgefalteten Flügel herum, wobei er diesen deutlich hörbar an den Beinen wetzt.

DROHEN

Drohen signalisiert akute Kampfbereitschaft. Hennen drohen aufgerichtet mit anliegendem Gefieder und Flügeln, deren Spitzen zu Boden zeigen, gleichzeitig wird der Bug der Flügel angehoben. Das Halsgefieder wird gesträubt und die Schwanzfedern werden gespreizt. Dabei veranstalten die Hennen ein ziemliches Getöse.
Hähne dagegen drohen stumm, machen mit aufgestellter Halskrause immer wieder bedrohliche »Diener« und stellen das Schwanzgefieder in Richtung des Feindes. Im Falle eines Angriffs springen die Hähne mit den Füßen voran aufeinander zu.

SOZIALVERHALTEN VON HÜHNERN

Hühner sind Herdentiere. Sie brauchen ihre Artgenossen, um sich wohlzufühlen, auch wenn nicht alle Mitglieder der Truppe gleichberechtigt sind.

Jeder Hühnerhalter weiß, dass Hühner ein sehr ausgeprägtes Sozialverhalten haben. Die Verhaltensbiologin Dr. Joy Mench von der University of California fand sogar heraus, dass Hühner über 100 andere Hühner in ihrer Gruppe erkennen und sich an sie erinnern können. 30 unterschiedliche Laute helfen den Hühnern dabei, ihre Kollegen voneinander zu unterscheiden.

Auch tiefe Freundschaften unter Hühnern sind nicht selten. Die Bindungen können so tief sein, dass beim Tod des einen das andere, übrig gebliebe Huhn vor Trauer manchmal ebenfalls verstirbt.

Im Grunde geht es im Hühnerstall zu wie in einer Firma: Mobbing, Rangordnungsauseinandersetzungen, Futterneid, Zickenkriege, Stress, Kindersorgen, aufopferungsbereite Einzelne oder schlechte Teamplayer, selbst Eifersuchtsdramen sind ganz üblich, wenn man beobachtet, wie ein Hahn mit seiner Lieblingshenne umgeht und wie einzelne andere Hennen versuchen, die gleiche Position zu erlangen.

RANGORDNUNG

Auch für den absoluten Hühneranfänger ist nicht zu übersehen, dass Hühner ihre Rangordnung über die sogenannte Hackordnung regeln. Sie stellt die soziale Hierarchie innerhalb einer Hühnergruppe dar und wurde zum ersten Mal 1921 von dem norwegischen Zoologen Thorleif Schjelderup-Ebbe beschrieben. Er stellte fest, dass die Leithenne häufiger als die anderen nach rangniederen Hennen pickte, die wiederum ihrerseits nach noch niedereren Hennen pickten.

Die Rangordnung legt fest, wer als Erster fressen darf (also auch das beste Futter ergattert), wer auf der höchsten Sprosse der Hühnerstangen (und an der besten Stelle) sitzen darf und welches Huhn vom Hahn als Lieblingshuhn ausgewählt wird. Umso dramatischer wird es für besagte Lieblingshenne, falls der Hahn stirbt oder aus der Gruppe entfernt wird: Die anderen Hennen bugsieren die ehemalige Lieblingshenne sofort an die unterste Position der Rangordnung und ohne die Hilfe eines neuen Hahns – wenn er sie denn wieder auswählt – wird sie nie wieder eine höhere Position bekommen.

Schon bei Küken kann man nach wenigen Wochen beobachten, wie sie Auseinandersetzungen »üben«: Für kurze Momente zeigen sie Kampfhaltungen, stehen einander geduckt und mit erhobenen Flügeln gegenüber, springen kurz auf oder jagen einander.

Setzt man bereits erwachsene Hühner zu einer neuen Gruppe zusammen, entscheiden üblicherweise kleinere oder größere Auseinandersetzungen die zukünftige Rangfolge. Werden einzelne Hennen in eine bestehende Hühnertruppe gesetzt, landen sie meistens erst einmal an unterster Stelle, und weil sie durch den Wechsel meistens sehr verunsichert sind, bringen sie nicht den Mut auf, sich sofort gegen einzelne Mobber zu behaupten. Allerdings gibt es auch Ausnahmen: Besonders temperamentvolle oder selbstbewusste Tiere stellen sich auch in neuer Umgebung der Auseinandersetzung – bis hin zum Kampf. Obwohl die Rangordnung durch das aggressiv wirkende Picken oder Hacken festgelegt wird, dient sie genau dem Vermeiden von Aggressionen und sinnlosen Kämpfen, die nur unnötig Energie kosten und von wichtigen Dingen wie Futtersuchen und Brüten ablenken würden.

Der Hahn als Anführer steht außerhalb der Hierarchie. Sind mehrere Hähne vorhanden, stellen sie ihre eigene Hierarchie auf, ansonsten gilt die Hackordnung nur für die Hennen: Die rangniederen Hennen kommen meistens gar nicht auf die Idee, sich mit höhergestellten Artgenossen anzulegen, sondern machen einfach Platz und akzeptieren ihre Position, ohne sie infrage zu stellen.

Die Rangordnung beginnt wenige Tage nach dem Schlupf der Küken; nach zwei Wochen ist schon klar, wer unter den Küken das Sagen hat: Es ist das Küken, das immer als Erstes frisst, neugieriger und aufgeschlossener ist und sich nicht vor Neuem fürchtet; es ist meistens das erste, das ins Freie will und am selbstständigsten zu sein scheint. Eines meiner Küken, das schon im zarten Alter von drei Wochen auf die unteren Sitzstangen hüpfte, um sich die Welt von weiter oben anzusehen, war auch das, das seine Geschwister dazu verleitete, den sicheren Stall zu verlassen und mit ihm über die Hühnerleiter nach draußen zu gehen. Nicht nur das: Es wartete sogar auf das letzte und ängstlichste Küken, bis es sich endlich aus dem Stall nach draußen getraut hatte, und schob es draußen nach Art eines winzigen Hütehundes vor sich her. Dieses Leitküken ist heute meine Leithenne.

Wenn man Küken im Stall zwischen den anderen Hühnern groß werden lässt, ist das Eingliedern üblicherweise ein relativ friedlicher Prozess – selbst die kleinen Brüder regeln die Sache mit dem Status meist beiläufig, der Unterlegene merkt auch ohne blutigen Kampf, dass er eher ein Mit- oder Nachläufer ist.

Unter den weiblichen Hühnern ergibt sich das Aufstellen der Rangordnung ebenfalls eher nebenher, ohne irgendwelche nennenswerten Auseinandersetzungen.

Hähne, die keine »Alphamännchen« sind, müssen allerdings auch nicht bedauert werden. Diese »Betahähne« nutzen ganz eigene Strategien, um bei den Damen zum Zug zu kommen: Sie werben meist mit stillschweigendem Futterlocken oder decken ihre Auserwählte in Ecken des Geheges, in denen der Leithahn sie nicht sehen kann. Sieht man genau hin, kann man deutlich erkennen, dass die Betahähne die ganze Zeit Ausschau nach dem Alphatier halten.

Steht die Hackordnung, wird sie über das ganze Hühnerleben hinweg akzeptiert, sofern nicht durch fremde erwachsene Hühner, die in die Gruppe eingegliedert werden, Störungen stattfinden. Auch wenn ein Huhn oder ein (»der«) Hahn stirbt, wird die Rangordnung dementsprechend wieder angepasst.

KOMFORTVERHALTEN

Hühner sind durchaus komfortorientiert. Sie lieben (und brauchen) ihre Siestazeiten und -plätze. Meine Orpingtons liegen mittags immer an einer ganz bestimmten, sandigen und windgeschützten Stelle in der Nähe unseres Komposthaufens, während meine Seidenhühner für den Mittagsschlaf lieber auf ihren Stangen im Stall sitzen, die Antwerpener Bartzwerge sich im Konglomerat eng zusammen in ihr Sandbad zurückziehen und recht ungehalten reagieren, wenn sie gestört werden. Hühner lieben und brauchen Sandbäder zur täglichen Körperpflege, bis es staubt. Selbst bei gluckenden Hennen kann man beobachten, wie sie hektisch eine Auszeit nehmen und eilig in das Sandbad stürzen, sich im Affentempo im Sand-Asche-Gemisch wälzen und zurück zu ihrem Nest oder den Küken pesen. Sie liegen gerne mit abgespreizten Flügeln in der Sonne, während eine Henne oder der Hahn die leicht angreifbare Ruhestellung stehend bewacht. Ausgiebige Körperpflege ist wichtig, aber nur möglich, wenn das jeweilige Huhn sich wirklich sicher fühlt. Darum sehen Hühner aus schlechter Haltung, nach langen Transporten oder bei Krankheit immer so zerrupft aus: Sie schaffen es schlicht nicht, sich zu pflegen, weil sie sich ungeschützt fühlen.

Hühner lieben es, in Sand oder staubiger Erde zu baden – weil sie soziale Tiere sind gerne auch in der Gruppe, so wie hier meine Antwerpener Bartzwerge.

DAS HUHN, DAS UM DIE WELT SEGELTE

Von Januar 2014 bis zu seiner Rückkehr im Dezember 2018 segelte der 26-jährige Franzose Guirec Soudée knapp 30 000 km um die ganze Welt. Er überquerte den Atlantik, segelte zum Süd- und Nordpol, umsegelte das Kap Hoorn, dann ging es zurück in die Karibik und wieder nach Hause in die Bretagne. Er überlebte 15 Meter hohe Wellen, war 130 Tage im arktischen Eis gefangen, kenterte mehrmals um ein Haar, wurde kurz von kanadischen Coastguards ins Gefängnis gesteckt und er war der jüngste Seemann, der jemals ganz allein die schwierige Nordwestpassage durchsegelte – ein 5780 Kilometer langer Seeweg, der nördlich des amerikanischen Kontinents den Atlantischen Ozean über das Nordpolarmeer mit dem Pazifischen Ozean verbindet. Na ja, völlig allein war Guirec nicht: Seine Reisebegleitung war eine braune Legehenne namens Monique.

Jedes Abenteuer, jede Katastrophe, jeder Sonnenauf- und -untergang, die das erstaunliche Paar erlebte, wurde auf unglaublichen Fotos und Videos auf ihren Facebook- und Instagram-Accounts gepostet. »Ursprünglich nahm ich sie mit wegen der Eier«, erzählt Guirec Soudée. »Ich dachte mir: ›Wenn sie mich nervt, kann ich sie ja immer noch essen.‹ Heute ist das eine schreckliche Vorstellung.« Zusammen mit Monique paddelte Guirec an Eisbergen vorbei, lernte Eisbären kennen, angelte gigantische Fische und rettete einmal sogar einen ertrinkenden Pudel. Monique teilte sich in der Zwischenzeit mit ihm das Frühstück, verzauberte Kinder der Inuits, die noch nie ein Huhn gesehen hatten, fuhr auf einem eigens für sie gebauten kleinen Schlitten und saß zusammen mit Guirec auf Deck, wo sie über die Weite der verschiedenen Ozeane meditierten.

Guirec Soudée wuchs in der Bretagne als jüngstes von acht Kindern mit einem nachsichtigen Vater auf. Er bekam sein erstes Boot mit sieben und Boot und Wasser waren irgendwie immer wichtiger als Schule. Er träumte vom ewigen Eis und kaufte sich schließlich ein Segelboot, das eine solche Reise überstehen würde. Damals ahnte er nicht, dass diese Reise fünf Jahre dauern würde. »Ich hatte keine Ahnung, auf was ich mich da einließ, und wusste nichts vom Segeln.« Mit 21, ohne einen klaren Reiseplan, Geld oder einem funktionierenden Radio segelte er los. Monique stieß in Teneriffa dazu. »Ich wollte alleine segeln, aber ich wollte ein Haustier«, erzählt Guirec. »Ich dachte mir, ein Huhn wäre doch eine fantastische Idee, denn dann hätte ich auf See auch noch frische Eier.« Er wurde gewarnt, dass ein Huhn auf See zu gestresst sein würde, um zu legen. Aber er ließ sich nicht beirren (wie es seine Art zu sein scheint),

auch wenn er davon ausging, dass das Huhn wohl nicht die ganze Reise schaffen würde: »Ehrlich gesagt dachte ich, sie würde vielleicht über Bord gehen bei Seegang.«
Guirec baute ein kleines Hühnerhaus auf Deck, um Monique sicher unterbringen zu können, wenn der Seegang zu stark würde, und ein weiteres in der Kabine, wo sie schlief, ihre Eier legte und es selbst bei wildestem Wetter warm und trocken hatte. Entgegen der Warnungen legte Monique ihr erstes Ei gleich an ihrem allerersten Tag an Bord. Sie hatte offenbar nicht das geringste Problem mit ihrem Matrosendasein, rannte auf dem Deck herum (bei Seegang amüsierte sie sich in der Kabine), jagte die Fliegenden Fische, die auf Deck landeten und stahl Brassen und Thunfisch, um ihre Nahrung aus Körnern,

Dreieinhalb Jahre lang segelte Guirec Soudée mit seiner Henne Monique um die ganze Welt und navigierte erfolgreich durch die gefährliche Nordwestpassage. Als sie in Grönland festfroren, sorgte Monique dafür, dass Guirec es mithilfe ihrer Eier gesund nach Hause nach Frankreich schaffte.

Insekten und Essensresten noch etwas aufzuwerten. »Sie liebt Fisch«, sagt Guirec. »Dadurch schmeckten ihre Eier dann etwas salzig.«
Wenn sie länger Anker warfen, nahm Guirec Monique mit an Land, damit sie Gras fressen und im Sand scharren und sich wälzen konnte. Obwohl Hühner außerordentlich soziale Kreaturen sind, schien Monique die Einzelhaltung nichts auszumachen, sie akzeptierte offenbar Guirec als ihre Hühnerschar. Bis auf wenige Nächte waren die beiden immer zusammen. »Ich wollte sie nicht allein lassen. Manchmal war das nicht ganz unkompliziert, ich konnte nicht immer alles machen, was ich wollte, aber ich wollte alles mit ihr teilen.« Wenn Guirec erzählt, spricht er immer in der Wir-Form: Kein Pluralis-majestatis-Wir, sondern ein Mann-mit-Huhn-Wir. »Nachdem wir erst einmal den Atlantik überquert hatten, haben wir uns gesagt: ›Wir hatten doch echt Spaß! Wir schaffen das noch weiter.‹«
Vier Monate lang waren die zwei in Grönland im Eis eingeschlossen. Die Temperaturen lagen bei – 60 Grad. Guirec baute Monique, die in Grönland einen grünen Wollpullover trug, einen kleinen Schlitten, damit sie keine Frostbeulen an den Füßen bekam, und dann erkundeten sie gemeinsam die Gegend. »Es war fantastisch«, schwärmt er. »Wir konnten die ganze Zeit das Nordlicht sehen; es gab Schneefüchse und Karibus.«
Monique legte 106 Eier in 130 Tagen – ein echter Segen angesichts der schwindenden Menge Reis an Bord und als man im Eis schlicht nicht angeln konnte. »Ich habe damals zwölf Kilo abgenommen. Monique hat mir echt das Leben gerettet.« Ein paarmal zerstörten beinahe schwimmende Eisberge das Schiff. »Ich dachte nicht wirklich, dass wir sterben würden, aber ich machte mir Sorgen«, erzählt Guirec. »Monique verstand genau, dass etwas nicht stimmte.«
Nach Grönland kam die Nordwestpassage, überirdisch schön mit Walen, Einhornwalen und Mitternachtssonne, aber so nahe am Magnetpunkt des Pols, dass der Autopilot ausfiel und Guirec 32 Tage lang fast ohne Schlaf selbst navigieren musste, bis er halluzinierte.
In Kanada kam er wegen Monique ins Gefängnis, weil er irgendwelche Geflügel-Einfuhrgenehmigungen übersehen hatte, durfte sie aber nach leidenschaftlichen Diskussionen doch behalten. Er überwand die gefährlich stürmische Region zwischen dem 40. und 50. Breitengrad, die Antarktis und umschiffte Südafrika, bis er langsam zurück in Richtung Bretagne segelte.
Inzwischen ist das Kinderbuch »The Hen who sailed around the World« bei Little, Brown erschienen. Guirec, Monique und Guirecs Lebensgefährtin Lauren leben mittlerweile in dem Haus, in dem er als kleiner Junge aufwuchs. Nach allem, was Monique erlebt hat, ist sie ein erstaunlich normales Huhn geblieben, das am liebsten im Sand scharrt und auf dem Fensterbrett der Küche Platz nimmt, um Lauren beim Kochen zuzusehen.
War es wirklich fünf Jahre lang das gleiche Huhn Monique? »Das werde ich ganz oft gefragt. Aber wenn Monique gestorben wäre, hätte mich das wahnsinnig traurig gemacht und ich hätte mir kein neues Huhn angeschafft. Mit einem anderen Huhn wäre es völlig anders gewesen. Es war manchmal auch schwierig mit ihr; es gab viele Orte, die ich mir wegen Monique nicht ansehen konnte. Ich habe mir dann gesagt: ›Scheiße, ich muss dieses Huhn ja echt lieben.‹«

Kapitel 3

EIN HUHN ZIEHT EIN

Ist die Entscheidung pro Hühner gefallen, geht es erst richtig los. Wo kriegt man sie? Und nimmt man besser nur Hennen oder auch einen Hahn?

WO MAN HÜHNER BEKOMMT

Anders als in den USA kann man bei uns Hühner nicht einfach in Geschäften kaufen. Sie müssen sich also erst einmal schlaumachen, woher Sie Ihre neuen Mitbewohner bekommen – und wie Sie sie unbeschadet nach Hause kriegen.

Kein Spaß: In den USA gibt es Küken an Ostern in Tiergeschäften, um sie sich als lebende, flauschige Dekoration auf den Ostertisch zu setzen (bloß: Wohin damit, wenn Ostern vorbei ist?), und das restliche Jahr über in Futtermittelgeschäften, die auf Bestellung Küken bestimmter Rassen anbieten. In Europa findet man Hühner über Züchter bei den jeweiligen Geflügelzuchtverbänden, im Internet auf Tierhandelsportalen, in den Kleinanzeigen privater Züchter oder auf Geflügelmärkten. Diese sind zwar selten geworden, finden auf dem Land unter der Aufsicht eines Geflügelvereins aber immer noch statt und muten sehr altmodisch an: Meistens werden dort Hühner, Tauben, Puten, Fasane und Wachteln aller Arten angeboten, Kinder verkaufen selbst gezogene Meerschweinchen, Stallhasen oder Kaninchen, Männer mit Händen wie Schaufeln haben winzige, schlappohrige Zwergkaninchen im Angebot, während in großen Käfigen daneben Truthähne laut rufen, weil ihnen irgendein Handyklingelton missfällt. Diese Geflügelmärkte sind auf jeden Fall malerisch, ob sie allerdings wirklich der beste Ort sind, um Hühner zu kaufen, ist die Frage – vor allem, wenn man nicht die Visitenkarte des Verkäufers zum Huhn dazubekommt.

Egal, wo Sie nach Hühnern suchen: Das Umfeld der Tiere sollte sauber aussehen, die Hühner selbst aktiv sein und die Umgebung interessiert und mit klarem Blick betrachten. Selbst wenn Sie Ihre Hühner auf einem Geflügelmarkt kaufen, wo sie in ungewohnter, stressiger Umgebung in einem ungemütlichen Käfig der Dinge harren müssen, sollten sie nicht aufgeplustert und mit halb geschlossenen Lidern dasitzen, es darf kein Nasenausfluss vorhanden sein und sie sollten nicht mit offenem Schnabel atmen, außer es wäre an diesem Tag sehr heiß. Die Hühner sollten keine offenen Wunden haben und keine unbefederten Stellen. Niemand verkauft üblicherweise Hühner in der Mauser, weil sie dann alle zum Sterben aussehen. Da sie ihr Federkleid verlieren bzw. wechseln, lässt sich die Qualität und die Farbe der Federn während der Mauser kaum beurteilen. Auch wenn die Mauser keine Krankheit ist, ist es eine anstrengende Zeit für Hühner, die mit Stress sowieso nicht gut umgehen können. Ein Stallwechsel während der Mauser kann daher ernste gesundheitliche Probleme auslösen. Hühner mausern meistens im Herbst, weshalb diese Jahreszeit also nicht die beste Zeit zum Hühnerkauf ist.

Hennen, die mit einem Hahn laufen, können am Rücken eine Stelle aufweisen, an der die Federn fehlen oder kurz aussehen. Das ist aber keine Krankheit, sondern nur die Stelle, wo üblicherweise der Hahn aufspringt.

Fassen Sie die Hühner, für die Sie sich interessieren, möglichst an: Ein sehr dünnes Huhn könnte sich unter einem opulenten Federkleid verbergen. Sehen Sie nach, dass der Po

Auch bei Züchtern sollte es in den Ställen übersichtlich, sauber und ordentlich aussehen. Die Tiere sollten nicht nervös und gut versorgt wirken und keine Wunden haben.

nicht mit Durchfall verklebt ist. Zählen Sie die Zehen nach und schauen Sie, ob der Kamm ohne Wunden oder ältere Verletzungen ist. Sehen Sie auch unter die Federn und suchen Sie nach Milben.

Wenn Sie nach einem Hahn suchen, gehen Sie in den Stall und achten darauf, wie er auf Sie reagiert. Wenn er sehr territorial oder sogar aggressiv wirkt, denken Sie besser noch einmal nach, ob es wirklich unbedingt dieser Hahn sein muss. Es kann wahnsinnig anstrengend – und sogar gefährlich – werden, wenn man einen aggressiven Hahn hat, der ständig versucht, einen in die Waden zu hacken oder mit den Sporen anzuspringen.

KÜKEN ODER ERWACHSENES HUHN?

Es gibt wohl kaum etwas Niedlicheres als flauschige Küken. Und sie sind zwar im Verhältnis zu anderen Tierkindern verhältnismäßig pflegeleicht, brauchen aber trotzdem sehr viel Aufmerksamkeit: Sie müssen es ständig warm haben, benötigen spezielles Futter, sind extrem empfindlich gegen Zugluft. Und: Küken verraten über viele Monate hinweg meistens nicht, welches Geschlecht sie haben. Es kann also sein, dass Sie deutlich mehr Hähne erwischen, als Ihnen lieb ist. Bei Junghühnern von sechs Monaten stellt sich dieses Problem in der Regel nicht mehr. Sie fangen zudem üblicherweise bald zum Legen an und lassen sich schnell und beiläufig in eine vorhandene Herde integrieren.

Augen auf

Gesunde Hühner sollten folgendermaßen aussehen:

- Sie haben klare, leuchtende Augen.
- Sie haben freie Nasenlöcher ohne Ausfluss.
- Sie atmen mit geschlossenem Schnabel, außer sie wurden gerade gejagt oder es ist sehr heiß.
- Kamm und Kehllappen wirken drall und glänzend.
- Sie haben keine Schwellungen oder Knoten am Körper (ein gefüllter Kropf ist keine Schwellung).
- Die Haut an den Beinen ist glatt und weich. Je nach Rasse haben sie vier oder fünf Zehen. An den Füßen oder Beinen befinden sich keine Schwellungen.
- Das Federkleid wirkt glatt (außer bei Seidenhühnern oder gestruppten Hühnern, versteht sich) und weist keine nackten Stellen auf. In den Federn sind keine weißen oder roten Punkte (Milben) zu entdecken.
- Die Hühner wirken insgesamt wach und aufmerksam.

Küken sind unbeschreiblich niedlich und flauschig – in der Aufzucht aber nicht unaufwändig und sehr empfindlich gegen Kälte und Zugluft.

HAHN ODER **HENNE?**

Nicht jeder Hühnerhalter möchte einen Hahn in der Herde. Doch während sich das Geschlecht bei ausgewachsenen Tieren normalerweise leicht erkennen lässt, ist das bei Jungtieren noch schwierig.

Die Federn und Farben von erwachsenen Hähnen und Hennen unterscheiden sich bei den meisten Rassen stark, nur bei sehr wenigen sind sie ähnlich – und trotzdem erkennt man die Unterschiede, wenn man genau hinsieht.
Hähne haben üblicherweise lange, geschwungene Schmuckfedern am Schwanz, die Federn am Halskragen sind in der Regel nicht rund wie bei Hennen, sondern laufen spitz zu. Hühnervögel, deren Federn im Sonnenlicht schillern, sind meistens Hähne (außer bei meinen rabenschwarzen Seidenhuhn-Mischlingen, die sind Überraschungseier mit grün und lila schillernden Hennen). Erwachsene Hähne haben

einen ausgeprägten Kamm (oder wenigstens eine sogenannte Nuss) und stärker ausgeprägte Kehllappen. Lange Zeit wusste man übrigens nicht, wozu dieser Kehllappen überhaupt gut sein soll. Sicher war, dass er irgendetwas mit dem Futteranbieten zu tun hat, wobei der Hahn mit verführerischem Kopfwackeln seinen Damen signalisiert, dass er etwas zu fressen gefunden hat. Verhaltensbiologen fanden schließlich mithilfe digitalisierter, übertriebener Hahnprojektionen heraus, dass der Kehllappen die Aufmerksamkeit von Hennen geradezu hypnotisch auf den Hahn lenkt, der Futter zu bieten hat. Der Hahn bezahlt für seinen Kopfschmuck allerdings seinen Preis: Ein großer Kehllappen erfordert einen erhöhten Testosteronspiegel, der das Immunsystem schwächt. Als Trost dürften Hähne mit großem Kehllappen dafür mehr Spaß im Leben haben, weil durch ihn ihre Fortpflanzungschancen massiv steigen.

Bei Junghühnern und -hähnen sieht die Sache schon anders aus: Es gibt einige Rassen, die es dem Betrachter bis zum endgültig ausgewachsenen Stadium sehr schwer machen, das Geschlecht zu bestimmen. Dazu gehören etwa Seidenhühner oder Orpingtons – obwohl man bei Letzteren ab einem bestimmten Alter das Geschlecht am Gefieder erkennen kann: Bei Hennen bildet sich das Rückengefieder deutlich früher aus als bei Hähnen.

BRAUCHT DIE HENNE ZUM EIERLEGEN EINEN HAHN?

Nein. Hühner legen ihre Eier großzügig, egal, ob ein Hahn anwesend ist oder nicht, und alle diese Eier sind gleich wohlschmeckend und gesund. Hennen scheinen den Hahn auch nicht zu vermissen, wenn sie keinen haben – manchmal jedoch benehmen sich einzelne sehr dominante Hennen plötzlich hahnähnlich und versuchen sogar zu krähen. In reinen Damengruppen kann sich die Leithenne sogar äußerlich einem Hahn anpassen, indem sie Kehllappen oder eine Art Kamm entwickelt. Die Leithenne meiner Tierärztin zum Beispiel wird trotz ihres überaus weiblichen Namens Queen Elizabeth häufig für einen Hahn gehalten. Sie verteidigt ihr Revier auch rabiat gegen fremde Katzen. Und abends geht sie als Erste auf die Stange, ruft dann die anderen und sortiert sie mit Picken in die richtige Schlafordnung.

Man braucht allerdings einen Hahn, wenn man Küken haben möchte, denn diese können nur aus befruchteten Eiern schlüpfen.

VON ECHTEN KERLEN, HÜHNERSÄTTELN UND ANDEREN TRICKS

Auch wenn Hähne eigentlich zu einem funktionierenden Hühnerleben dazugehören (nicht umsonst haben Bio-Bauern die Auflage, mit ihren Legehühnern eine angemessene Zahl von Hähnen mitlaufen zu lassen), gibt es ohne Frage einige Dinge, die das Halten eines Hahnes kompliziert machen.

Bei manchen Hühnerrassen werden die Hähne im Alter von ca. sechs Monaten (mit der Geschlechtsreife) durchaus aggressiv. Während der Balzzeit ist das normal: Dann wird mehr gekräht, die Hennen werden mehr getreten und ein gesunder, fruchtbarer Hahn setzt plötzlich Schnabel und Sporen ein, wenn

der Hühnerhalter sich in die Nähe seiner Hennen oder seines Territoriums wagt.
Züchter finden angriffslustige Hähne ganz gut, weil es ein Hinweis auf seine ausgeprägte Zuchtfähigkeit ist. Für den normalen Hobbyhalter kann ein angriffslustiger Hahn aber sehr wohl zu einem schmerzhaften Problem werden. Wenn ein Hahn den Menschen als Gefahr oder Konkurrent sieht, entwickelt er ihm gegenüber Aggressionen. Der Grund hierfür ist meistens ein falsch sozialisierter Hahn, der beispielsweise von Hand aufgezogen wurde und schlicht nicht gelernt hat, dass Menschen eine andere Spezies sind, und daher nicht einigermaßen Respekt entwickelt hat. Wenn der Hahn dann anfängt, den Menschen als Konkurrenten zu sehen, wird er ihn aktiv bekämpfen, um ihn in seine Rangordnung einzuordnen. Manche Hähne werden stinksauer, wenn sie ihre Damen durch den Menschen bedroht sehen, andere werden eifersüchtig, wenn die Hennen zum Beispiel Futter aus der Hand des Menschen nehmen, weil dadurch in seinen Augen damit seine Autorität untergraben wird. In solchen Fällen lässt sich schon Abhilfe schaffen, indem man den Hahn zuerst füttert.
Niemals sollte man einen Hahn mit einem Stock oder Besen bedrohen oder gar schlagen. Das ist nicht nur Tierquälerei, sondern führt dazu, dass der Hahn sich in seiner Annahme, der Mensch sei ein Feind, bestätigt sieht und die Situation noch mehr eskaliert: Er wird immer schneller, häufiger und sehr trickreich aus toten Winkeln angreifen. Abgesehen davon werden nach solchen Auftritten auch die Hennen die Überzeugung übernehmen, dass dem Menschen nicht zu trauen sei – und fortan bei seinem Anblick schnell das Weite suchen.
Auf der anderen Seite sollte man sich aber auch keinesfalls vorsichtig oder gar unterwürfig verhalten, wenn man das Gehege betritt – also nicht vorsichtig hineinschleichen, sich abwenden oder einen Bogen um den Hahn machen –, sondern aufrecht und selbstbewusst auf ihn zumarschieren, ohne ihn dabei zu bedrohen. Sehr häufig bleiben Hähne bei selbstsicheren Menschen in einem gewissen Abstand, während sie unterwürfigere Zeitgenossen oder Kinder in ihre Schranken zu weisen versuchen.
Vor allem Halter von großen oder schweren Rassen müssen sich dessen bewusst sein, falls Kinder mit den Hühnern (und damit zwangsläufig dem Hahn) zu tun haben. Ich erinnere mich, dass ich als Teenager im Internat (das selbstverständlich nach Tierhaltungsmöglichkeiten ausgesucht wurde) die Aufgabe hatte, die Hühner auf der Pferdeweide morgens aus ihrem Stall zu lassen. Der Hahn war wirklich böse, weshalb ich mich morgens an das Haus schlich, das Futter ausbrachte, mit einem Ruck die Stalltür öffnete und dann wie ein Hase über die Wiese rannte, den immer empörten Hahn auf den Fersen.
Ein anderes Problem kann sein, dass ein schwerer Hahn (zum Beispiel Brahma, Orpington, Cochin) die Hennen ziemlich zurichten kann, wenn er sie häufig deckt – so sehr, dass ihnen am Rücken alle Federn ausgehen und sie manchmal sogar richtige schwere Verletzungen an den Stellen haben, wo der Hahn sich mit den Sporen festgehalten hat.
Abhilfe schafft man, indem man den Hühnern einen sogenannten Hühnersattel umlegt, der die gefährdeten Stellen schützt, oder indem man dafür sorgt, dass der Hahn ausreichend Hennen zum Begatten hat – man rechnet pro

Hahn etwa acht Hennen. Trotzdem ist die Lieblingshenne diejenige, die immer am öftesten in Anspruch genommen wird.
Manche junge gattungswütigen Hähne gehen so weit, dass sie kleine, schwächere Hennen tottreten – vor allem, wenn mehrere Hähne in einen richtigen »Deck-Wettkampf« treten, bei denen einzelne Hennen regelrecht vergewaltigt werden. In solchen Fällen müssen Hahn oder Hähne von den Hennen getrennt werden – entweder, indem man ein Hahnengehege einrichtet (wenn keine Hennen in der Nähe sind, leben Hähne ganz friedlich miteinander), ein neues Zuhause für sie findet oder die Hähne schlachtet.
Wer seine Hennen nicht ohne Hahn halten möchte (wobei es wie schon gesagt durchaus Anzeichen gibt, dass Hennen die Abwesenheit eines Hahnes nicht besonders beklagen), kann einen Trick anwenden und von derjenigen Rasse, die er hält, die Zwergvariante als Hahn dazusetzen. Der »Kleine« kann die Hennen nicht verletzen und sich trotzdem sehr groß fühlen. Ich halte u. a. eine gemischte Guerilla-Truppe aus Orpingtons, Araucanas und einer Seidenhenne, die von einem Seidenhahn geführt wird. Der relativ kleine Hahn hält sich größenmäßig für einen Dinosaurier und führt die Gruppe hervorragend, ohne dass er die Hennen verletzen oder tyrannisieren kann. Für Zuchtvorhaben eignen sich solche Konstellationen allerdings verständlicherweise nicht.

Agressiver Hahn

Wird man von seinem Hahn bereits bedroht, sobald man einen Fuß in seinen Stall oder das Gehege setzt, gibt es verschiedene Dominanzgesten, die man ihm gegenüber einsetzen sollte: Man kann den Hahn (mit Handschuhen, falls er schnell tritt) auf den Arm nehmen und ihn so lange halten, bis er sich beruhigt hat. Erst dann darf er wieder laufen.
Oder man drückt ihn mit einer Hand auf den Boden, während man ihm mit der anderen über den Rücken streicht. Meistens muss man diese Gesten allerdings mehrfach anwenden, bis einen der Hahn als ranghöher akzeptiert.

WIE MAN HÜHNER SICHER NACH HAUSE BRINGT

Hühner kann man sich nur schlecht unter den Arm klemmen und dann Richtung Heimat losmarschieren. Um sie für einen kurzen Transport unterzubringen, reicht ein Karton mit Deckel und etwas Einstreu. Je weniger Platz die Hühner darin haben, desto sicherer sitzen sie und schlittern auch während einer Autofahrt nicht herum. Bequemer bringt man sie aber in einer Katzen- oder Hundetransportbox unter, in der sie sich aufgrund der abgedeckten Wände sicher fühlen kann, und die man außerdem bequem tragen und anschließend leicht säubern kann.

Kapitel 4

DIE GRUNDAUSSTATTUNG – WAS HÜHNER IN IHREM ZUHAUSE BRAUCHEN

Im Prinzip sind Hühner recht anspruchslos. Das bedeutet aber nicht, dass man sie einfach in den Garten setzen und sich selbst überlassen kann. Sie brauchen Schutz für die Nacht und ein Gehege, in dem sie sich auch tagsüber sicher vor Gefahren frei bewegen können.

DER **HÜHNERSTALL**

Hühner brauchen einen artgerechten, angenehmen Stall, der sie vor Wind, Niederschlägen und Raubzeug schützt – mit Legenestern, Schlafmöglichkeiten, Wasser und Futter und sauberer Einstreu.

Hühner sind extrem bescheiden, was ihre Ansprüche an ein geeignetes Zuhause betrifft: Sie möchten es gerne zugfrei, trocken, einigermaßen hell, wollen eine Sitzstange, ein Legenest, Futter und Wasser. Es interessiert sie nicht, ob ihre Herberge instagramfähig, mit Lampengirlanden und Vorhängen ausgestattet ist, ob ihre Futterstellen aus antikem Mobiliar gefertigt oder aus hygienischem Plastik sind. Hauptsache, sie können sich sicher fühlen. Wie wohl sich der Hühnerhalter im Stall fühlt, ist eine andere Sache. Aber man darf wohl davon ausgehen, dass er sich umso lieber bei den Hühnern aufhält, je besser ihm der Stall gefällt.

Das Internet ist voll von kleinen, großen, wunderschönen und ganz einfachen Hühnerställen. Es gibt Hühnerställe in allen Formen und Farben. Aus Metall, Plastik oder Holz. Sie können sich auch einen eigenen Stall bauen, einen Bausatz oder einen Fertigstall vom Schreiner nehmen, ein Garten- oder Spielhaus umfunktionieren oder einen Schuppen, der bereits in Ihrem Garten steht. Der beste Hühnerstall ist der, der den Tieren und ihren Bedürfnissen am ehesten gerecht wird. Denn auch wenn immer überall erklärt wird, dass Hühner kaum Platz brauchen und sehr genügsam sind, stimmt das nur bis zu einem gewissen Punkt. Tatsächlich reicht Hühnern nämlich nur dann ein kleiner Stall aus, wenn sie ausreichenden Freilauf zur Verfügung haben.

Die handelsüblichen Fertigställe, die um die 200 Euro kosten, sind eigentlich immer zu klein. Sie sind reine Schlafhäuser, aber ungeeignet, wenn die Hühner auch mal ein paar Tage im Stall bleiben müssen. Ich persönlich nutze so ein kleines »Schlafhaus« allerdings als Quarantänehaus, wenn eine Henne einmal nicht ganz in Ordnung zu sein scheint, oder für eine Glucke mit Küken oder als erste Anlaufstation für neue Hühner, die noch nicht in die Gruppe können.

Zweckmäßiger als viele der hübschen kleinen Hühnerhäuser sind meistens Garten- oder größere Kinderspielhäuser, die sich nachträglich baulich anpassen lassen. Angenehm ist auch, dass man in diesen Häusern aufrecht stehen kann, was gerade zum Saubermachen sehr praktisch ist (wer möchte schon dauernd auf den Knien nach Spinnennestern, Milben o. Ä. suchen) und mehr Platz für Legenester, Sitzstangen und eventuelle Einrichtungsgegenstände bietet.

TAGESLICHT IM STALL

Wichtig ist, wenigstens ein Fenster von mindestens 40 x 40 cm einzubauen, damit ausreichend natüliches Licht ins Hühnerhaus hineinkommt. Noch besser wären zwei oder sogar drei Fenster. Trotzdem sollte es ein paar dunkle Ecken im Stall geben, damit sich die Hühner auch mal ungestört zurückziehen können. Wenn der Stall hell genug ist, halten Hühner sich sehr gerne zwischendurch in ihm auf. Im Winter verschließt man die Fenster mit Plexiglasscheiben, im Sommer entfernt man diese wieder und sichert die Fenster stattdessen mit ausreichend stabilem Draht gegen Marder und andere Raubtiere, während gleichzeitig eine optimale Luftzirkulation gewährleistet ist.

GRÖSSE DES STALLS

Als »Minimalwert« rechnet man für drei normal große Hühner oder fünf Zwerghühner einen Quadratmeter. Das ist natürlich nur eine Circaangabe, je nach Größe des Huhns. Bei Brahmas zum Beispiel würde das bei drei Hühnern schon ziemlich eng. So oder so sollte man diesen Wert nicht ausreizen. Denn je mehr Platz Hühner haben, desto weniger Stress haben sie, desto mehr Eier legen sie und desto gesünder bleiben sie. Außerdem sollte man im Hinterkopf behalten, dass womöglich irgendwann eine durch eine Seuche verordnete Stallpflicht bewältigt werden muss. In so einem Fall müssen die Hühner über viele Monate im Stall bleiben, und wenn dieser dann zu klein ist, gibt es Mord, Totschlag und Federfressen.

Als Minimalwert rechnet man für drei normal große Hühner oder fünf Zwerghühner einen Quadratmeter. Das gilt natürlich nicht für sehr große Rassen wie Brahma oder Orpington.

Es ist auf jeden Fall besser, den Stall möglichst großzügig zu bemessen – auch weil es wahrscheinlich nicht bei den drei oder fünf Hühnern bleiben wird, die Sie sich vorgenommen haben. Nach meiner Erfahrung sieht man dann hier noch ein ungewöhnliches Huhn, das man haben möchte, und dort eine Rasse, die man vorher noch nie gesehen hat. Sie werden es so schön und beruhigend finden, Ihrer kleinen Schar zuzusehen, dass es Ihr Glück bestimmt noch erhöht, wenn Sie zwei, drei hinreißende Junghühner zusätzlich dazunehmen. Vielleicht möchten Sie auch unbedingt mal Küken schlüpfen sehen und großziehen …

Planen Sie Ihren Stall also groß genug und nicht der Hühnerschar entsprechend, mit der Sie anfangen möchten.

DIE MUST-HAVES

Es gibt nicht den einen perfekten Entwurf für einen Hühnerstall. Es gibt für jeden Stall Pros und Contras, je nach Größe, Material und Inneneinrichtung. An oberster Stelle steht in jedem Fall die Sicherheit der Bewohner, denn jeder Fuchs, jeder Habicht, jeder Hund in der Nachbarschaft wird sehr schnell verstehen, was da neuerdings in der Nachbarschaft eingezogen ist, und Ihre Hühner auf die Spezialitätenseite seiner Speisekarte setzen. Davor gilt es die armen Hühner zu schützen.

Trotzdem gibt es ein paar grundlegende Empfehlungen:

- Der sogenannte **Scharrbereich** sollte ein Drittel des gesamten Stalls ausmachen.
- Die **Sitzstangen** sollten alle an einer Wand des Stalls angebracht sein, denn Hühner schlafen am liebsten Schulter an Schulter. Mehr zu den Stangen gleich.
- Es empfiehlt sich, die **Wände** des Stalls mit Streichkalk einzupinseln, der desinfiziert und die offenen Holzporen verschließt – und damit die Milbenverstecke.

HÜHNERSTANGEN FÜR FORTGESCHRITTENE

Nicht alle, aber fast alle Hühner sitzen auf Stangen, das weiß jedes Kind, das schon mal ein Bauernhof-Bilderbuch in den Händen gehalten hat. Seidenhühner etwa sitzen lieber auf dem Boden, nur meine Seidenhühner hocken lieber auf leiterartig angeordneten Sitzstangen. Ausnahmen zu bekannten Regeln gibt es also immer wieder. Und: Sitzstange ist nicht gleich Sitzstange (man ahnt gar nicht, was man alles falsch machen kann bei der Hühnerhaltung).

Weil Hühner in der Wildnis auf Bäumen schlafen, fühlen sie sich auf Stangen, die auf einer Höhe von 50–90 cm angebracht sind (je nach Größe der Hühner), sicherer als am Boden.

Pro Huhn rechnet man zwischen 24 und 30 cm Platz auf der Stange, wobei das nicht viel Platz ist, wenn die Tiere mal ganze Tage im Stall verbringen müssen, weil es zum Beispiel viel regnet oder schneit (Hühner können Schnee nicht leiden und bleiben lieber drinnen, wenn das scheußliche weiße Zeug den Boden bedeckt). Bei zehn Hühnern braucht man also eine lange Stange von 2,50 m oder zwei kürzere Stangen.

Die geeignete Höhe, in der die Hühnerstangen angebracht werden sollten, ist 50 bis 70 cm (und etwa 40 cm entfernt von der Wand). Es gibt aber auch Hühner, die gerne noch höher hinauswollen: Meine Araucanas etwa schlafen

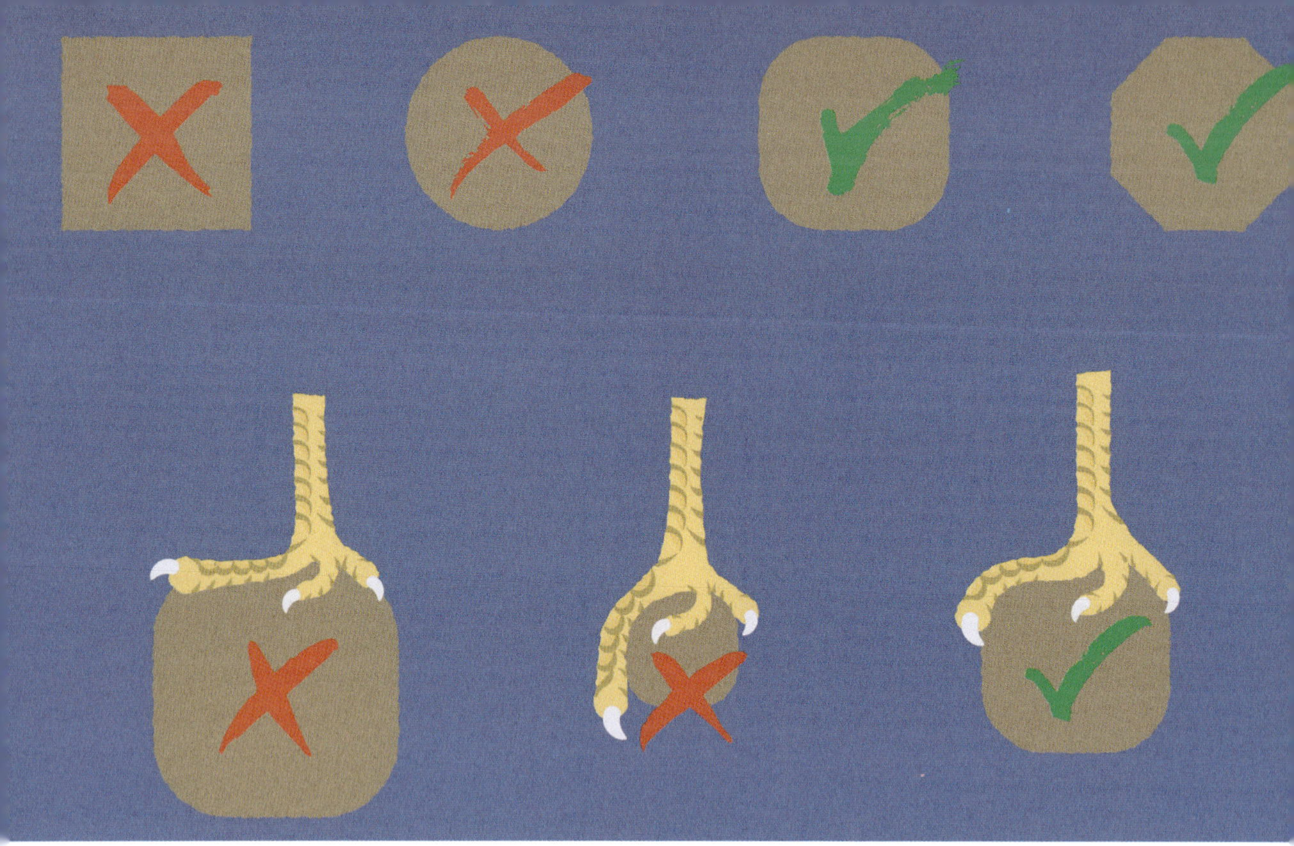

Quadratische Kanthölzer bieten den Hühnern zwar Halt, angenehm sind sie für die Hühner jedoch nicht und sorgen häufig für Abszesse. Auf Rundhölzern haben Hühner es häufig schwer, sich festzuhalten. Der Durchmesser der Hühnerstange sollte so breit sein, dass die Hühner die Stange zur Hälfte umfassen.

am liebsten auf der Vorhangstange über den Legenestern, also ca. 1,30 m über dem Boden. Alle anderen Hühner betrachten das allerdings für sehr gewagt.

Quadratische Kanthölzer bieten dem Huhn zwar Halt, die Kanten können bei schweren Rassen aber drücken und zu Abszessen führen. Auf ganz runden Stangen wiederum (etwa so wie Besenstiele) finden Hühner zu wenig Halt, besser sind da dicke Äste mit grober Struktur, die dafür sorgt, dass das Huhn sich gut festhalten kann.

Auch der Durchmesser der Hühnerstangen spielt eine wichtige Rolle: Sind die Stangen zu dünn, können sich die Hühner nur schwer darauf halten. Sind sie zu dick, können die Hühner sie nur schwer umfassen. Der Durchmesser sollte so sein, dass die Hühner die Stange zur Hälfte umfassen können. Das bedeutet bei Zwerghühnern einen Durchmesser von ca. 4 cm und 5 cm bei »normal« großen Hühnern. Bei großen Rassen wie Brahma oder Orpington sollten die Stangen einen Durchmesser von 6 cm haben.

Um Milben, die früher oder später jeder im Hühnerstall antrifft, von vorneherein möglichst gering zu halten, streiche ich die Sitzstangen alle zwei Wochen mit Salat- oder Ballistolöl ein. Das macht es den Milben sehr schwer, sich vorwärtszubewegen und verstopft außerdem ihre Atemwege (mehr zu diesen Schädlingen ab Seite 149).

Man könnte auf die Idee kommen, zur Milbenprophylaxe Stangen aus Kunststoff oder Metall zu verwenden. Allerdings sind Hühnerstangen aus Kunststoff meistens zu glatt, sodass sich die Hühner nur schlecht festhalten können. Auch Stangen aus Metall sind denkbar ungeeignet, weil sie für die Hühner sehr rutschig sind und keinen Halt bieten. Außerdem werden sie im Winter viel zu kalt für Hühnerfüße und können Frostbeulen verursachen.

LEGENESTER

Die meisten Hühner brüten in allem, was man ihnen anbietet, solange sich ein Nest darin bauen lässt. Holzkisten, Metallschüsseln, Körbe oder sogar Katzenklos aus Plastik (ohne Schwingtür) werden sehr gerne angenommen, falls Sie keine kommerziell erhältlichen Legenester montieren wollen. So ein Legenest ist aber auch sehr leicht selbst gebaut. Ein Legenest sollte die Maße 35 x 35 x 35 cm haben, wodurch es sich wiederum drei bis vier Hühner teilen können.
Hühner sind gerne geschützt, wenn sie auf ihren Nestern sitzen, weshalb kommerzielle Legenester häufig eine Art »halbe Wand« mit ausgeschnittenem Dreieck zum Hineinschlüpfen haben. Ich habe zu diesem Zweck in einem meiner Ställe vor den Legenestern eine Vorhangstange mit Vorhängen aus zurechtgeschnittenen Stoffen oder Geschirrtüchern angebracht – im Winter aus Frottee, damit die Wärme, während die Hühner auf dem Nest sitzen, ein bisschen besser gespeichert wird. Es mag Ihnen übertrieben vorkommen, aber Tatsache ist: Die Hühner lieben ihre Vorhänge und haben es gar nicht gern, wenn sie gewaschen werden. Je geschützter und sicherer sich eine Henne in ihrem Nest fühlt (wo sie schließlich, was Räuber betrifft, sehr verwundbar ist), desto eher wird sie in dem Nest legen und nicht versuchen, ihre Eier irgendwo unter einem der Büsche im Gehege zu legen.
Ansonsten sind Ihrer Fantasie keine Grenzen gesetzt: Ich habe beispielsweise einen alten Stuhl im Hühnerstall, auf und unter dem die Hühner sehr gerne sitzen, außerdem ein kleines Extraabteil für Hennen mit Küken oder Hühner, die von den anderen getrennt werden müssen, außerdem verschiedene alte Zink- oder Emailleschüsseln mit viel Heu darin, die als zusätzliche Legenester genutzt werden. Ich habe hübsche alte Regale aufgehängt – nicht, weil ich einen Dekorationstick habe, sondern weil ich darauf alle Öle, Zusätze, Dosen mit speziellen Futtermitteln, Dosen mit

Tipp

Falls die Hühner lieber in den Legenestern als auf den Stangen schlafen, liegen die Nester wahrscheinlich höher als diese. Hühner suchen sich instinktiv immer den am höchsten gelegenen Schlafplatz. Im Legenest zu schlafen ist allerdings ungünstig, weil die Nester dann dauernd verkotet sind, wodurch wiederum die Eier schmutzig werden.

Sägespäne als Einstreu saugen sehr gut Feuchtigkeit und mindern so auch Gerüche, außerdem lassen sie sich gut ausmisten. Im Winter empfiehlt sich als zusätzliche Isolierung eine Schicht Stroh oder Heu.

getrockneten Mehlwürmern etc. lagere, damit ich sie immer zur Hand habe. An einer alten eisernen Hakenleiste hängen die kleinen Schaufeln, Harken und der Kehrbesen, mit denen ich den Hühnerstall säubere. Sie können aus Ihrem Hühnerstall auch Ihr »Barbiehaus« machen – solange sich die Hühner darin wohlfühlen.

DIE RICHTIGE EINSTREU

Kleinvieh macht auch Mist – und im Fall von Hühnern sogar besonders viel davon. Hühner koten, was das Zeug hält. Wer das nicht aushalten kann, wer nicht bereit ist, täglich ein Mindestmaß an Stallreinigung zu erledigen, sollte lieber keine Hühner halten.

Die Sache mit dem Mist wird allerdings deutlich vereinfacht mit der richtigen Einstreu. Es lohnt sich, verschiedene Einstreuarten durchzuprobieren, bis man das gefunden hat, was Tier und Mensch am besten gefällt. Die Klassiker sind natürlich geschnittenes Heu und Stroh. Beide sind einfach zu beschaffen, im ländlichen Raum sowieso, aber selbst Heimtiermärkte bieten eine große Auswahl verschiedener Sorten in unterschiedlicher Qualität an. Der Vorteil von Stroh ist, dass es aufgrund der Luftkammern in den einzelnen Halmen gerade im Winter die Wärme gut isoliert. Ein Nachteil dagegen ist, dass besonders Weizenstroh häufig sehr staubig ist, was sowohl unangenehm für den Menschen ist, der sich im Stall aufhält, als auch Atemwegsbeschwerden bei den Hühnern auslösen kann. Außerdem saugt Stroh nicht besonders gut Feuchtigkeit auf, was zu unangenehmer Geruchs- und Fäulnisbildung durch Ammoniak und Feuchtigkeit am Stallboden führen kann. Es gibt auch Bedenken, dass es bei den Hühnern, die immer wieder Teile ihrer Einstreu fressen, durch lange Strohhalme zu Kropfverstopfungen kommen kann. Dies kommt allerdings eher selten und, wenn überhaupt, eher bei Küken vor.

- **Kräuterheu** ist eine hervorragende Einstreu, vor allem für die Legenester, denn die Hühner finden darin viele fressbare Gräser. Die enthaltenen Blüten und Kräuter sind gerade im Winter ein hervorragendes Zusatzfutter.
- **Sägespäne** haben im Gegensatz zu Heu eine extrem hohe Saugleistung, was sich sehr gut auf Gerüche und das Stallklima auswirkt. Die Hühner picken zwar auch Teile der Sägespäne auf, was ihnen aber nicht schadet, im Gegenteil: Die zellulosehaltigen Komponenten wirken sich sehr positiv auf die Verdauung und die Darmreinigung aus. Ich bringe in meinen Hühnerställen eine 10–15 cm dicke Lage Sägespäne als unterste Schicht auf dem Boden aus und darüber kommt im kalten Winter noch eine dicke Schicht Stroh oder Heu als wärmende Isolierung.
- Ebenfalls sehr gut geeignet und zugleich kostengünstig ist es, im Herbst das alte **Laub** von Buchen, Eichen und Ahorn zusammenzurechen und trocknen zu lassen, um es später als Einstreu zu verwenden. Im ersten Jahr verrottet das Laub noch nicht, dafür lieben Hühner es, darin nach Fressbarem zu scharren – in der Natur leben Hühnervögel vor allem im Unterholz. Ich streue im Winter auch die jeweiligen Gehege oder Volieren dick mit Laub aus, wodurch sich die Hühner stundenlang mit

Scharren beschäftigen. Im Frühjahr kann man das verbliebene Laub dann sehr gut auf dem Komposthaufen ausbringen, wo es zügig verrottet.

- Eine in den letzten Jahren immer beliebtere Einstreu sind **Hanf- und Leinstreu**. Beide sind weich, fein, binden sehr gut Staub und Nässe und sind außerdem ziemlich kostengünstig. Hanfstreu findet man im Handel häufig auch mit Eukalyptus versetzt, was für ein sehr hygienisches Stallklima sorgt.
- Auch **Buchenhack** wird sehr gerne von Hühnerzüchtern eingesetzt – vor allem bei der Aufzucht von Küken –, denn es ist extrem sauber und wird vom Nachwuchs nicht gefressen. Die Küken können in den kleinen, formstabilen Buchenhackstücken scharren, ohne damit ihr Wasser oder ihre Futternäpfe zu verschmutzen, außerdem fällt der Kot sehr gut durch die einzelnen Stückchen nach unten, was diese Einsttreu sehr ergiebig macht.

Duftöl

Sie können das Stallklima ganz leicht und effektiv verbessern, indem Sie die Einstreu mit ätherischen Ölen wie Salbei-, Pfefferminz-, Rosmarin- oder anderen Kräuterölen beträufeln. Aber bitte nur Bio-Öle verwenden.

WAS SIE SONST NOCH BRAUCHEN

Neben den Stangen und Nestern brauchen Sie Futterautomaten oder -tröge, Wasserbehälter, ein Sandbad, einen Hängekorb für Salat oder anderes Gemüse.

- Üblicherweise füttert man Hühner über einen **Futterautomaten**. Diese Gerätschaften haben große Vorteile gegenüber offenen Schüsseln: Das Futter bleibt sauberer, weil die Hühner nicht in die Schüssel hüpfen und darin scharren können (wobei sie automatisch auch hineinkoten würden), es laufen üblicherweise weniger Mäuse durch das Futter und auch die Verschmutzung durch Wildvogelkot ist deutlich geringer.
- Bei mehr als sechs, sieben Hühnern ist es sinnvoll, mehrere Futterstellen einzurichten, damit die Hühner unabhängig von ihrer Hackordnung immer Zugang zu Wasser und Futter haben.
- Manche Leute bevorzugen aber auch Schüsseln als **Futter- und Wassernäpfe** – auf Flohmärkten findet man schöne alte Emailleschüsseln oder besondere alte Hundenäpfe. Ihr einziger Nachteil ist, dass manche Hühner (vor allem übrigens die Hähne) das Futter im Überschwang aus ihnen heraus- bzw. Sand und anderen Dreck in sie hineinscharren. Hier kann man Abhilfe schaffen, indem man die Schüsseln auf zwei übereinandergelegte Betonplatten stellt (je nach Größe der Hühner zwischen 15 und 25 cm hoch). Ich persönlich hänge lieber Futterspender auf, weil ich hoffe, es den Mäusen im Gehege dadurch wenigstens etwas schwerer zu machen, sich den Bauch vollzuschlagen. Und für das Trink-

wasser verwende ich sogenannte Stülptränken, weil sie leicht sauber zu halten sind und man nicht jeden Tag das Wasser reinigen oder nachfüllen muss. Außerdem lassen sie sich im Winter leicht auf Heizplatten für Tränken stellen.

- **Stülptränken** sind Plastikgefäße mit Bajonettverschluss und haben üblicherweise einen Bügel, an dem man sie aufhängen kann. Dieser Bügel kann es allerdings in sich haben: Wenn er fest und unbeweglich ist, kann es sein, dass einem die ganze Tränke in dem Augenblick umkippt, in dem man sie arretieren möchte, und dann hat man meist das komplette Wasser – zwischen drei und sechs Litern – in den Schuhen. Ist der Bügel beweglich, passiert das eher selten. Weil 20 Hühner ca. vier Liter Wasser am Tag trinken, sollte man die Tränken entsprechend ausrichten und am besten gleich mehrere aufhängen, damit auch rangniedrige Tiere genug abbekommen.
- Es gibt außerdem Tränken mit Füßen oder sogenannte **Nippeltränkeimer,** die besonders hygienisch sind, denn das Wasser bleibt in dem geschlossenen Eimer länger sauber, weil nicht einmal der Wind Staub, Laub oder Sand hineinwehen kann. Am unteren Boden des Eimers befinden sich drei Tränknippel, über die die Hühner trinken können. Es läuft nur eine bestimmte, geringe Menge Wasser heraus, sodass die Einstreu trocken bleibt (nasse Einstreu ist gerade im Sommer ein Partyraum für Milben und andere Parasiten). Weil der Eimer an einem Seil aufgehängt wird, muss man nur darauf achten, dass die Höhe optimal für die jeweiligen Hühner passt. Das Konzept ist überzeugend und viele Leute schwören auf diese Eimer. Ich persönlich hatte allerdings immer Probleme, sobald das erste Mal doch irgendwie Sand in sie gekommen ist. Aber das mag sehr wohl an mir liegen.

Futter- und Wassergeräte stehen bei mir überdacht im Freien. Nach meiner Erfahrung sorgt Wasser im Stall immer wieder für sehr nasse Einstreu und schmutziges Wasser durch hineingescharrte Einstreu, während Futternäpfe im Stall Mäuse anziehen. Meine Hühner haben gedeckte Volieren, aus denen sie noch weiter ins Freie können, in denen sie aber bei Regen und Schnee ausreichend geschützt sind. Man kann zu diesem Zweck den Hühnern auch vor der Stalltür, die in das Gehege führt, eine Pergola bauen, unter der Sie Futter und Wasser aufhängen. So bleibt das Wasser länger sauber und das Futter trocken. Unter einem solchen Vordach ist auch ein guter Ort für das Sandbad. Für Hühner gehört ein regelmäßiges Sandbad in einer trockenen Mischung aus Holzasche, feinem (Vogel- oder Sandkasten-)Sand und Gesteinserde zu den notwendigen Hygienemaßnahmen, mit denen sie ihr Gefieder säubern und Parasiten loswerden. Ist unter der Pergola kein Platz

Auch Hühner schätzen pfützenfreie, trockene Füße vor der eigenen Haustür.

mehr dafür, könnten Sie auch einen Kindersandkasten mit Dach aus dem Baumarkt aufstellen. Sie sind für diesen Zweck sehr praktisch. Haben die Hühner kein Sandbad, scharren sie sich selbst große Löcher unter Sträuchern oder Bäumen, was den Gartenbesitzer meistens nur mäßig erfreut.

DIE VOLIERE

Damit Hühner auch bei strömendem Regen oder Schneefall ins Freie können, ist eine geschlossene, raubtiersichere Voliere am Hühnerstall eine ziemlich sensationelle Sache. Sie sollte mindestens einen Quadratmeter pro drei Hühner bemessen, wobei es für die Hühner natürlich immer angenehmer ist, wenn die Voliere so groß wie möglich ist – allein schon, damit sie einander aus dem Weg gehen können.

- Den Boden der Voliere sollte man mit Sand oder einer Schicht Rindenmulch ausstreuen, besonders dann, wenn es draußen sehr feucht ist. Sand und Mulch wärmen zwar nicht, halten aber die Füße trocken. Die Hühner neigen dazu, kleine Teile des Mulches oder der Hackschnitzel aufzunehmen, aber wie bereits erwähnt, ist die Aufnahme von Zellulose wichtig für die Verdauung und nicht schädlich.
- Die Voliere selbst sollte aus einem stabilen Holzrahmen mit einem Gitter aus festem Geflügeldraht bestehen (normaler Kaninchendraht ist zu weich und wird von Raubtieren wie Dachsen, Mardern, Ratten oder Füchsen zu leicht überwunden oder zernagt). Am besten überdacht man die komplette Voliere mit einem leicht geneigten, mit Dachpappe (besser noch: reißfeste Teichfolie) geschützten Holzdach, damit Regen und Schnee gut ablaufen können.
- In der Voliere werden Futter- und Wasserbehälter aufgehängt, so gelangt beim Scharren weniger Sand und anderer Schmutz hinein. Außerdem freuen sich die Hühner über ein paar dicke Äste als Sitzstangen.

Wenn die Voliere ganz überdacht ist, macht es wenig Sinn, etwas darin zu pflanzen, man kann aber beispielsweise dichte Tannenzweige aufhängen, um den Hühnern etwas Deckung zu geben, Körbe aufhängen, in die man Salat füllt, und ein Sandbad in der Voliere einrichten – der Vorteil ist, dass der Sand in der Voliere (an der richtigen Stelle) trocken bleibt, die Hühner also auch bei Regen oder Schnee ihren wichtigen Bade- und Hygienemaßnahmen nachgehen können.

DER BESTE PLATZ FÜRS HÜHNERHAUS

Der Hühnerstall steht am besten nicht zu weit vom Haus entfernt. Hierfür gibt es mehrere Gründe. Erstens: Der nächste Winter kommt bestimmt und Sie wollen bei Minusgraden sicher keine langen Wege zum Stall zurücklegen, wenn Sie morgens Wasser und Futter in den Stall bringen und die Frühstückseier einsammeln. Zweitens: Je näher Sie an Ihren Hühnern dran sind, desto ungemütlicher wird es für eventuelle Raubtiere, sich ihnen heimlich zu nähern.

Wenn Sie die Möglichkeit dazu haben, macht es viel Sinn, den Hühnerstall in erreichbare Nähe zu einem Stromanschluss zu stellen. Es macht nämlich nur bedingt Spaß, mit einer

Stirnlampe nach Eiern zu suchen oder den Stall zu säubern. Auch ein Wasseranschluss in der Nähe ist nicht zu verachten, weil Sie das Wasser viel häufiger ersetzen, wenn der Weg nicht so weit ist.

Auch wenn Sie sich hervorragend mit Ihren Nachbarn verstehen, sollten Sie den Stall nicht direkt an deren Terrasse oder unter ihr Schlafzimmerfenster stellen. Hühner machen viele Geräusche und, egal, wie sauber Sie den Stall halten, entstehen bei Hitze oder Feuchtigkeit durchaus mal Gerüche, die Sie Ihren Nachbarn schon aus Fairness ersparen sollten. Besonders schlau kann es sein, die Nachbarn bei der Suche nach dem idealen Hühnerstall-Standort mit einzubeziehen.

Stellen Sie den Hühnerstall nicht in eine Senke oder an eine Stelle, an der sich Regenwasser sammelt. Hühner machen sich nur sehr ungern die Füße nass, außerdem riecht nasser Hühnermist wirklich nicht gut. Und der Stall darf innen auch nicht nass werden.

Ideal ist es, wenn der Hühnerstall unter einem großen, weit ausladenden Baum stehen kann, denn dieser bietet bei Sonne, Wind und Regen gleichermaßen Schutz. Achten Sie aber darauf, wie hoch der Stall werden soll. Eventuell müssen Sie Äste abschneiden und/oder Efeu entfernen. Der wächst nämlich nur allzu gerne krakenartig in den Hühnerstall hinein und stellt dann geradezu einen roten Teppich für Mäuse dar.

Wie viel Platz braucht ein Huhn?

Planen Sie lieber gleich mehrere Hühner ein. Drei Hühner bleiben selten allein, denn Hühner machen süchtig.

Auf zwei Quadratmetern Hühnerhaus darf man ungefähr acht bis zehn durchschnittlich große Hühner halten, sofern die Hühner ausreichend Auslauf in einem Freigehege bekommen. Brahmas, Cochins oder Orpingtons sind an sich sehr groß, weshalb in diesem Fall eher nur sieben Hühner auf zwei Quadratmetern bequem untergebracht werden können.

Für das Gehege rechnet man etwa die doppelte Menge an Raum. Bedenken Sie, dass Enge zu Aggressionen führen kann; je weniger die Hühner sich aus dem Weg gehen können, desto mehr kommt es zu Mobbing, Gruppenvergewaltigungen und ähnlich unschönen Szenarien. Hühner sind mit Menschen in Diskotheken, die am liebsten alle ganz eng auf der gleichen winzigen Tanzfläche stehen, nicht zu vergleichen. Hühner haben gerne Platz und Ausweichmöglichkeiten (deshalb auch Stangen).

Nicht alle Hühner mögen sportliche Herausforderungen als Haustür. Manche wissen eine flache, klassische Hühnerleiter durchaus zu schätzen.

DEN HÜHNERSTALL AUSMISTEN

Obwohl Hühner Kot produzieren, als würden sie dafür bezahlt, sind sie grundsätzlich reinliche Tiere, die einen sauberen Stall zu schätzen wissen. Dazu dient das tägliche »kleine Ausmisten« und die Grundreinigung zweimal im Jahr.

Kein Huhn hat es verdient, in seinem Kot und Ammoniakausdünstungen sitzen zu müssen (gerade im Sommer riecht es sehr schnell sehr stark), deshalb sollte man sich von vorneherein das tägliche »kleine Ausmisten« angewöhnen. Dabei sammelt man mit Garten- oder Gummihandschuhen und kleinem Gerät (eine kleine Harke und eine kleine Gartenschaufel oder langstielige Sandkastenschaufeln sind hierfür ideal) den oberflächlichen Kot von der Einstreu ab und gibt gegebenenfalls etwas frische Streu darüber. Wenn man wirklich keine Zeit zum Misten hat, kann man über die stark bekoteten Stellen oder Kotbretter eine dünne

Schicht Urgesteinserde streuen: Sie saugt Feuchtigkeit auf und neutralisiert auch den pH-Wert des Hühnerkots, was ihn anschließend ideal zum Kompostieren macht. Lassen Sie diesen kleinen Trick allerdings nicht zur Gewohnheit werden, das Resultat wäre ein sehr staubiger und immer noch schmutziger Hühnerstall, dessen schlechte Gerüche Sie nur überdeckt haben. Sobald es nach Ammoniak riecht, sollten Sie den Stall gründlich säubern, denn Ammoniak reizt die Augen und Schleimhäute Ihrer Hühner.

DAS »GROSSE SAUBERMACHEN«

Zweimal im Jahr sollte man den Stall gründlich bis in die hinterste Ecke und bis auf das letzte Staubkorn reinigen. Die Hühner müssen zu dieser Gelegenheit nach draußen, weil sie wirklich nur im Weg wären und außerdem der aufwirbelnde Staub ungesund für ihre Schleimhäute ist.

Auch wenn der Bereich des Stalls, in dem nicht geschlafen, sondern vor allem herumgelaufen und gescharrt wird, üblicherweise von Kot weitestgehend verschont bleibt, ist es notwendig, die gesamte Einstreu ab und zu auszutauschen und alle Federn (an denen Federlinge und andere Parasiten kleben könnten), Mäusedreck und Staub zu entfernen und den Boden feucht zu säubern. Hierfür gibt es verschiedene Desinfektionsmittel im Handel; ich persönlich benutze Essig- und/oder Orangenreiniger, weil beides natürliche Desinfektionsmittel sind, wirksam gegen Ameisen und Schimmelbildung und außerdem biologisch abbaubar.

Obstessig sollte möglichst nicht angewandt werden, weil er Fruchtfliegen anlockt. Auch sollten Sie die Finger von Chlor als Desinfektionsmittel lassen, denn Chlor verbindet sich zusammen mit Ammoniak zu giftigen Dämpfen, was genauso giftig für Sie ist wie für Ihre Hühner.

In einem YouTube-Video des »Hühnerflüsterers« Robert Höck habe ich einen hervorragenden Tipp gesehen: Sein Hühnerstall ist quadratisch, weshalb er den Boden ganz bequem mit einer festen Teichfolie auslegt, was das Saubermachen unendlich erleichtert. Er nimmt einfach die ganze Folie an den Enden

Hühner sitzen sehr ungern in feuchten Böden, die von Ammoniakdämpfen geschwängert sind. Wenn Sie selbst nicht gerne im Hühnerstall sitzen, warum sollen Ihre Hühner es dann tun?

Tipp

Hühnerkot eignet sich hervorragend zur Herstellung von Kompost. Verteilen Sie dazu auf dem Komposthaufen zwischen 15–20 cm dicken Schichten Grünabfall eine ca. 5 cm dicke Schicht Hühnerkot und lassen Sie sie verrotten. Hühnerkot ist relativ alkalisch, eignet sich also gut als Dünger für Pflaumenbäume, Johannisbeeren und Gemüsepflanzen.

zusammen und kippt alles in eine bereitstehende Schubkarre, was auch verhindert, dass er beim Saubermachen einer übermäßigen Staubbildung ausgesetzt ist. Anschließend kann er den Boden ganz leicht ausfegen und feucht mit den entsprechenden Reinigungsmitteln auswischen.

Nach dem Trocknen bestreut Robert Höck den Boden mit einer dünnen Schicht Urgesteinserde, damit die gefürchtete Rote Vogelmilbe keine Chance hat, es sich zwischen Folie und Boden gemütlich zu machen. Und nachdem der Boden wieder mit der Folie ausgelegt wurde, kann diese ebenfalls mit Essigreiniger feucht abgewischt und anschließend die Einstreu wieder großzügig auf der Folie verteilt werden – vielleicht mit ein paar Kräutern vermischt, wie Pfefferminze, Oregano, Salbei, Rosmarin, Thymian, Lavendel oder Zitronenmelisse.

KOTBRETTER

Das sind Bretter, die man als Sauberkeitserleichterung unter den Schlafstangen anbringt, um auf diese Weise den Hühnerkot »gebündelt« entfernen zu können. Man kann auch einen Draht auf dem Brett anbringen, damit die Hühner nicht auf die Idee kommen, auf den Kotbrettern zu schlafen oder im Kot herumzuspazieren.

LEGENESTER REINIGEN

Die Legenester müssen auch ausgewischt und das Nistmaterial komplett ausgetauscht werden. Hühner zupfen sich zum Brüten eine Menge Federn aus, auf denen sich gerne Federlinge festsetzen (diese Fieslinge brauchen drei Monate lang gar kein Huhn, um zu überleben), weshalb die alten Federn im Nistmaterial ausgeräumt werden sollten.

Wer als Legenester Katzenklos oder Werkzeugkisten aus Plastik nutzt, kann diese einfach mit einem Schlauch und etwas Orangenreiniger ausspülen, Legenester aus Holz oder Weide sollten auch mit Kieselgur bestäubt werden, um Milben die Überlebenschancen zu nehmen. Keinesfalls sollte eine Schicht Kieselgur im Nistmaterial der Legenester ausgebracht werden, denn Kieselgur verstopft die Poren der Eier. Im Falle einer Brut würden die Küken in ihren Eiern ersticken.

Auch die Legenester müssen regelmäßig ausgewischt und von Kotspuren gesäubert werden, vor allem, wenn eine Glucke gerade brütig war.

Kapitel 5

DER FREILAUF

Freilauf ist vielleicht die artgerechteste Haltung, aber leider nicht überall möglich – und auch nicht immer sicher. Eine gute Alternative ist ein ausreichend großes Gehege, in dem sich die Hühner frei, aber geschützt bewegen können.

GEHEGE ODER
»RUNNING WILD«?

Hühner im Garten sind malerisch, aber auch leichte Beute für Fressfeinde. Und wenn sie den Gemüsegarten entern, ist nichts mehr vor ihnen sicher. Ein Für und Wider des ungebremsten Freilaufes.

Hühner brauchen Freilauf, damit sie körperlich und geistig gesund bleiben, keine Frage. Es ist auch sehr ländlich-romantisch, wenn einen die Hühner zur Teestunde auf der Terrasse besuchen kommen. Nicht ganz so romantisch ist es, wenn man auf der Terrasse auf dem Hühnerkot ausrutscht oder die Gartenbank vor dem Hinsetzen erst einmal säubern muss, weil die Hühner dort vorher eine Versammlung abgehalten haben. Und es ist auch so: Je freier die Hühnerschar, desto gefährdeter ist sie, erst recht in übersichtlichen Gärten oder Gehegen. Der Mensch ist schließlich nicht der Einzige, der Hühner schätzt.

HÜHNERFEINDE

Die größte Gefahr für Hühner im Freilauf sind Raubtiere. Raubvögel wie Habicht oder Rabenvögel (wobei Krähen eigentlich hauptsächlich eine Gefahr für Zwerghühnerrassen darstellen), Marder, Füchse, fremde Hunde, Waschbären, Ratten oder Wühlmäuse sind dabei vor allem gefährlich für Küken. Ausgewachsene Hühner müssen sich eher vor Füchsen fürchten. Bei meinen Nachbarn wurde der Fuchs, der sich im landwirtschaftlichen Umfeld ungestört fühlte, so frech, dass er sich mitten am Tag sechs Hühner holte. Mein eigener Garten und mein Hühnergehege sind von diesem Nachbarn nur 400 Meter entfernt, aber weil es bei uns nur so von Hunden wimmelt, traut sich der Fuchs nicht hinter unsere Zäune. Nur einmal zog er sich, wohl weil der Futterbeschaffungsdruck während der Welpenzeit zu groß wurde, ein Huhn von außen durch den Zaun. Immerhin sind Katzen normalerweise keine Gefahr für Hühner (zumindest nicht für erwachsene) und Dachse interessieren sich vor allem für die Eier.
Je mehr in einem Garten los ist, desto sicherer ist es dort für die Hühner: Wenn in Ihrem Garten Kinder spielen, ein Pool benutzt wird, Sie alle zwei Tage Rasen mähen und auch sonst viel draußen sind, besteht keine große Gefahr, dass Ihre Hühner hinterrücks gerissen oder gefressen werden. Bei mir ist nicht nur von menschlicher Seite viel los, auch die Hunde und Ziegenböcke sorgen dafür, dass Habicht und Co. sich höchstens aus ganz weiter Ferne für die Hühner interessieren.
Mittlerweile sind auch Halter von großen mobilen Hühnerställen auf Ziegenböcke oder Alpakahengste gekommen, denn diese Tiere sind so territorial, dass sie keinen Besuch von Fuchs oder Marder zulassen. Allerdings hat natürlich auch nicht jeder die Möglichkeit, diese Tiere in seinem Garten zu halten – zumal dann von der Bepflanzung nicht mehr viel übrig bliebe: Ziegen benehmen sich gegenüber Gartenpflanzen wie wandelnde Heckenscheren. Die deutlich einfachere Alternative ist daher ein vernünftiger Zaun.
Wer in fuchsreicher Umgebung lebt, sollte einen möglichst dichten Zaun aufstellen. Ideal ist ein enger Staketen-, Metallmatten- oder Lattenzaun, der mit festem Hühnerdraht gesichert ist. Auch ein elektrifizierter Hühnernetzzaun hilft zuverlässig gegen größere Raubtiere oder fremde Hunde. Er lässt sich zudem leicht umstecken, was den Rasen retten kann. Wenn Ihre Hühner nicht fliegen, reicht es, wenn der Zaun ungefähr 1,40 m hoch ist. Wenn Sie allerdings sportliche Hühner halten, die gerne fliegen, sollte Sie den Zaun besser 1,80 m hoch bauen.
Wer seine Hühner tagsüber viel alleine lassen muss, ist besser beraten, das Hühnergehege abzudecken, entweder mit einem Netz, das verhindert, dass Raubvögel im Gehege landen können, oder – in Gegenden mit Waschbären – mit einem Dach aus festem Draht. Waschbären fressen Eier, Küken und auch kleinere erwachsene Hühner, und wenn sie erst auf den Geschmack gekommen sind, lassen sie sich auch von Tageslicht nicht stören, sondern gehen munter ihren räuberischen Streifzügen nach. Weil sie mit ihren Pfoten extrem geschickt sind, bekommen sie sogar einfache Schlösser und Fensterverschlüsse auf. Das Gehege sollte in so einem »Risikogebiet« also richtig stabil sein – mit festem Holzrahmen und massiven Riegeln und Verschlüssen.

WELCHE PFLANZEN EIGNEN SICH FÜR DEN **HÜHNERAUSLAUF?**

Es ist tatsächlich möglich, einen ansprechenden Hühnerauslauf zu kreieren, der ebenso funktional wie schön ist. Oberstes Gebot ist dabei, Pflanzen einzusetzen, die für die Hühner ungefährlich und ungiftig, aber nützlich sind.

Ich bin eine Gartentante, ich freue mich über Blüten und Blätter und hübsche Pflanzen genauso sehr, wie ich mich über fröhliche Hunde, Ziegen, Schafe und Hühner freue. Die Kunst besteht darin, Pflanzen und Haustiere unter einen Hut zu bekommen. Deshalb sieht man in meinem Garten einige »gefährdete« Pflanzen in Drahtkäfigen, etwa die Rosen oder junge Bäume in der Nähe des Ziegengeheges, denn es ist eins der großen wöchentlichen Ziele meiner Ziegen, aus diesem ab und zu auszubrechen und mit der Präzision von Heckenscheren alles abzufressen, was ihnen vor ihre gefräßigen Mäuler kommt. Dasselbe gilt für junge Pflanzen, die noch nicht stark genug sind, um sich gegen Hühner zu wehren. Auch sie schützt man am besten mit kleinen provisorischen Zäunen oder Drahtglocken, bis sie wirklich angewachsen und etabliert sind, damit die Hühner sie nicht vorher kaputt fressen oder die jungen Wurzeln freischarren.

Manche Büsche oder junge Bäume bekommen um ihren Stamm ein dichtes Bett aus großen Steinen, damit ihre Wurzeln nicht ausgescharrt werden können. Bei anderen reicht dazu ein enger Ring aus großen Flusskieseln oder anderen schönen Steinen.

Trotz aller befiederten Widrigkeiten ist es durchaus möglich, einen Hühnerauslauf so zu bepflanzen, dass er nicht innerhalb kürzester Zeit an die Wüste Gobi erinnert. Je schöner der Hühnerauslauf, desto mehr Lust werden Sie haben, Zeit darin und mit Ihren Hühnern zu verbringen. Abgesehen davon sorgt eine Bepflanzung für Windschutz und Schatten für die Hühner. Außerdem werden sie sich umso sicherer fühlen, je mehr Sträucher und Büsche es gibt, unter denen sie vor fremden Blicken geschützt sind. Auch die Nachbarn werden Ihren Hühnern gegenüber aufgeschlossener sein, wenn der Auslauf hübsch anzusehen ist. Blüten ziehen Insekten und Käfer an, die wiederum eine gesunde Zwischenmahlzeit für die Hühner sind, während sie sich damit amüsieren können, das Krabbelvieh zu finden.

PFLANZEN FÜR DEN HÜHNERGARTEN

Hühner sind wandelnde Ungeziefervernichter. Sie fressen Käfer, Raupen, Mücken, Spinnen, alle Arten von Larven, Ohrenkneifer, Ameisen und Grashüpfer. Sie verwandeln das Protein dieser meist unbeliebten Insekten in köstliche Eier – das beste Recyclingprogramm, das mir bekannt ist. Hühner nehmen diese Aufgaben sehr ernst und dementsprechend sollte man den Hühnergarten pflanzlich gestalten.

Die folgenden Pflanzen sind besonders zu empfehlen, weil viele verschiedene Insekten die Möglichkeit finden, sich in, auf, an und unter ihnen zurückzuziehen.

ESTRAGON

Ein hübsches und bei den Hühnern sehr beliebtes Küchenkraut, das etwa 80 Zentimeter hoch werden kann. Estragon, auch Eierkraut genannt, wirkt appetitfördernd, verdauungsregulierend und antioxidativ. Bei entsprechender Größe ist die Pflanze winterhart, solange sie jung ist, sollte sie bei starkem Frost mit entsprechendem Winterschutz versehen werden. Die Aussaat im Freien ist nach den letzten Frösten ab Ende März möglich – auf durchlässigen, nährstoffreichen und feuchten Böden und ausreichender Besonnung. Um ihn in den Hühnerauslauf pflanzen zu können, sollte Estragon eine Größe von wenigstens 30 Zentimetern haben.

OREGANO

Dieses mehrjährige Heil- und Gewürzkraut treibt aus einem reich verzweigten Wurzelstock jedes Jahr neu aus. Die 40 bis 60 Zentimeter hohen, vierkantigen und aufrechten Stängel verholzen nach unten hin leicht. Auch Bienen und Hummeln lieben die rosa- bis purpurfarbenen Blüten der würzigen Kräuter. Es lohnt sich unbedingt, ein paar Oreganostauden im Hühnergehege anzupflanzen. Die

Hühner zupfen nur einzelne Blätter und lassen die Pflanze an sich stehen, Vandalismus ist also nicht zu befürchten. Oregano ist winterhart und liebt volle Sonne sowie kalkhaltigen, durchlässigen, nährstoffreichen Boden. Er kann aber auch in dekorativen Töpfen rund um das Gehege gepflanzt werden.

WILDER WEIN

Wein ist sehr praktisch, wenn man Pflanzen braucht, die den Hühnern im Sommer Schatten – und sogar Windschatten – spenden. Vor allem Scharlachwein (auch als Rostrote Weinrebe bekannt), der relativ schnell wächst und eine Höhe von sechs bis acht Metern erreichen kann und im Herbst zu einem wahren Farbfeuerwerk wird, ist zu empfehlen. Die Blätter sind herzförmig und färben sich im Herbst scharlachrot, bevor sie abfallen. Im Juni und Juli bekommt er rostrote, filzige Blüten, die bei Bienen und anderen Insekten sehr beliebt sind.

Man kann den Wein außerhalb direkt vor dem Gehege pflanzen und ihn an zwei Stellen an einem gebogenen Rankdraht spalierartig an den Zaun heranführen. So hat man größere Möglichkeiten, ihn später im Zaum zu halten. Denn bei starkem Wuchs kann er einem schon mal den Gehegezaun zerdrücken.

ROSEN UND LAVENDEL

Auch diese Pflannzen lassen sich wunderbar im Hühnergehege pflanzen, denn die Hühner lassen beide in Ruhe. Wenn die Rosen zu den üppigeren Sorten gehören, finden die Hühner dafür daneben oder darunter Schatten, während die ätherischen Öle des in der Nähe gepflanzten Lavendels einen Blattlausbefall der Rosen verhindern.

Blätter und Blüten von Lavendel und Rose sind sinnvolle Zusätze für die Legenester (siehe Seite 151, Kasten). Die Hagebutten wiederum stecken voller Vitamin C. Man kann sie den Hühnern als Zusatz im Futter anbieten oder Hagebuttentee für sie zubereiten. Und ja: Hühner trinken tatsächlich Tee. Mehr dazu auf Seite 125 f.

BAUERN- UND SCHNEEBALLHORTENSIE

Die elativ anspruchslosen, aber kräftig wachsenden Halbsträucher gelten zwar als schwach giftig, werden von Hühnern aber völlig ignoriert und in Ruhe gelassen. Hortensien blühen den ganzen Sommer von Juni bis Oktober sehr attraktiv und sind in entsprechender Größe sehr gute Schattenspender. Sie können je nach Sorte bis zu zwei Meter hoch werden und gehören für mich unbedingt zu einem bäuerlichen Garten dazu. Sie brauchen allerdings viel Wasser: Der lateinische Name »Hydrangea« bedeutet so viel wie »Wasserschlürfer«. Während sie verblühen, verändern sich die dekorativen Blüten von ihrer ursprünglichen Farbe Weiß, Creme, Rosa oder Blau erst ins Grünliche und anschließend ins Rostrote.

Hortensien brauchen einen kalkarmen, feuchten und humusreichen, sauren Boden und am liebsten einen geschützten, halbschattigen Platz. Wenn sie starker Sonne ausgesetzt sind, brauchen sie noch mehr Wasser als so schon, sonst bekommen sie einen Sonnenbrand. Hortensien sind Flachwurzler und sollten nicht zu tief in den Boden eingesetzt werden, weil sie sonst nur schlecht anwachsen. Zum Düngen verwendet man am besten einen speziellen Hortensien- oder Rhododendrondünger,

1 Hühner mögen Oregano, fressen ihn aber nicht sofort kahl. **2** Auch Lavendel und Rosen werden nicht »niedergepickt«. Die Blütenblätter streue ich in die Legenester, wo sie seltsamerweise ein gern genommener Snack sind. **3** Wilder Wein spendet im Sommer Schatten. **4** Hühner lieben Estragon, er wirkt sich zudem positiv auf ihre Gesundheit aus.

der sauer wirkt. Blau blühende Sorten werden am besten mit Hortensiendünger gedüngt, der Alaun enthält, ein Aluminiumsalz, das die blaue Blütenfarbe fördert. Außerdem darf der pH-Wert im Boden nicht zu stark ansteigen, sonst schlägt die Blütenfarbe irgendwann in Hellrosa bis Rosarot um. Wenn man blaue Blüten erhalten möchte, gießt man daher am besten nur mit Regenwasser. Eine Abdeckung mit Tannenzweigen oder Laub schützt Bauernhortensien im Winter vor Erfrierungen. Bei starken Frösten ist eine Vlieshaube empfehlenswert, denn kalte Ostwinde erhöhen bei Hortensien die Gefahr von Frostschäden.

Um den Blütenausfall zu reduzieren, kann man die abgeblühten Blütenstände der Gar-

Diese blaugesäumte Orpington-Henne ruht sich im Schatten der Buddleja (Schmetterlingsflieder) aus, deren Blüten wertvolles Bienenfutter sind und viele Schmetterlinge anlocken.

tenhortensie über den Winter am Strauch belassen, was ganz nebenbei gerade bei Frost sehr dekorativ aussieht.

ECHINACEA

Roter Sonnenhut, wie diese Gattung auf Deutsch heißt, gehört ebenso in jeden bäuerlichen Garten und ist noch dazu sehr gesund: Menschen verwenden ihn üblicherweise gegen Erkältung und Grippe. Für Hühner gilt das genauso: Echinacea bekämpft bei ihnen Atemwegserkrankungen und stärkt ihr Immun- sowie ihr Verdauungssystem.

Von den Blütenblättern und Samen über die Blätter, Stiele und Wurzeln: Der Sonnenhut ist vollständig essbar. Wie viele andere Kräuter (siehe ab Seite 129) hat er eine sehr gute antibakterielle Wirkung, was bedeutet, dass es Bakterien in Schach hält.

Der Sonnenhut blüht den ganzen Sommer über und breitet sich im Garten aus. Man hat die ganze Saison über Zeit, Blätter und Blütenblätter zu ernten, bevor man die verblühten Blüten abschneidet und entweder den Hühnern »zum Fraß vorwirft« oder für den späteren Gebrauch als Tee trocknet.

SCHMETTERLINGSFLIEDER

Er ist eine sensationelle Wahl, wenn Sie einen dauerblühenden Strauch suchen, der noch dazu schnell wächst und viel Schatten und Deckung spendet. Der Schmetterlings- oder Sommerflieder ist völlig anspruchslos, schätzt es sonnig und liebt kargen, also sandigen und/oder steinigen Boden. Er wächst sehr schnell auf eine Höhe bis zu drei Meter (und ebenso breit) und hat an seinem Fuß dichte Äste, die den Hühnern wunderbar Deckung bieten. Er blüht je nach Sorte in Lila, Rot, Rosa oder Weiß und ist absolut winterhart. Die Buddleja, wie der Schmetterlingsflieder botanisch korrekt heißt, ist eine wichtige Nahrungspflanze für viele Arten von Insekten: Die Blütenkerzen ziehen vor allem das Tagpfauenauge, aber auch Bienen und Hummeln magisch an.

Schmetterlingsflieder blüht ab Juli bis zum Frost und duftet größtenteils sehr intensiv. Schneidet man ihn im Spätwinter kräftig zurück, werden die Blütenrispen im nächsten Jahr besonders groß – ansonsten braucht er überhaupt keine Pflege. Die Zwergsorten sind übrigens hervorragende Kübelpflanzen und nehmen es nicht einmal übel, wenn man ein paar Tage lang das Gießen vergisst.

TRAUERBIRKE »YOUNGII«

Sie ist ein fabelhafter Baum für ein großes Gehege, denn sie wächst ausladend wie ein Zelt. Noch dazu ist sie wirklich einer der schönsten heimischen Bäume. Ihre breiten, hängenden Äste bieten Schatten und Schutz vor Raubvögeln. Sie ist trockenresistent und stellt auch sonst keine besonderen Ansprüche an den Boden. Dafür hat sie eine schöne gelbe Herbstfärbung. Allerdings braucht die Trauerbirke wirklich Platz: Sie wird üblicherweise bis zu acht Meter hoch und acht Meter breit (und dabei gilt sie noch als kleinwüchsig).

HIMBEERE UND HOLUNDER

Himbeersträucher sind ebenfalls hervorragend geeignet, um Hühnern Schatten, Verstecke und im Sommer ein bisschen Obst zum Naschen anzubieten. Auch Holunder wächst schnell und bietet ein gutes Schattendach – und Sie können nach Herzenslust Holunderblütensirup herstellen.

Kapitel 6

HÜHNER-FUTTER

Das Huhn ist ein Allesfresser. Das bedeutet aber nicht, dass man ihnen einfach alles füttern sollte. Je besser das Futter ist, das Ihre Hühner bekommen, desto gesünder sind sie und desto gesünder sind auch ihre Eier.

DIE GRUNDLAGEN DER **HÜHNERERNÄHRUNG**

Hühner fressen ständig. Wenn sie nicht gerade schlafen oder Eier legen, verbringen sie ihre Zeit mit Nahrungssuche. Das ist auch der Grund, warum Freilauf für Hühner so eine großartige Sache ist: Auf diese Weise bekommt nicht nur ihr Tag genügend Abwechslung, sondern auch ihre Ernährung.

Zur Hühnerfütterung hat jeder seine Meinung und Überzeugung. Man hört sogar immer wieder mal, dass Leute ihre Hühner nur das fressen lassen, was sie selbstständig im Freien finden, und ihnen höchstens Essensreste zufüttern, weil ihre Großeltern das früher auch so gemacht hätten, und deren Hühnern ging es schließlich auch gut. Früher wurde aber auch ganz selbstverständlich hingenommen, dass Hühner mit der Eierproduktion im Winter Pause machen. Und wer nicht mehr genug legte, wurde mit fortschreitender Vergreisung als Suppenhuhn ausgemustert. Das Problem mit dieser Art der Fütterung ist jedoch, dass die

Dinge heutzutage anders liegen. Die meisten von uns halten ihre Hühner nicht auf großen Bauernhöfen, wo immer wieder Saaten und Getreidekörner herumliegen, wo die Hühner auf dem Mist und in Exkrementen der anderen Nutztiere unverdautes Grünzeug und Körner finden können oder sich auf dem Misthaufen köstliche Maden und Würmer munter vermehren. Wenn Hühner in einem normalen Garten oder gar einem Gehege leben, finden sie ganz sicher nicht alle Nährstoffe, die sie brauchen. Hühner sind keine Vegetarier. Sie sind Omnivore, das bedeutet, sie brauchen sowohl tierisches Protein als auch pflanzliche Bestandteile.

Obwohl Hühner Allesfresser sind und von Körnerfutter und Speiseresten über Regenwürmer, Gräser und Kräuter bis hin zum Legemehl wirklich alles vertilgen, benötigen sie wie alle Lebewesen ganz bestimmte Nährstoffe, Vitamine, Mineralstoffe und Spurenelemente, um lange und gesund leben und gesunde Eier legen zu können. Tatsächlich brauchen sie täglich sogar 38 verschiedene Nähr- und Vitalstoffe, und die auch noch im richtigen Verhältnis zueinander. Dazu bedarf es einer ausgewogenen, vollwertigen Ernährung, die sich aus vielen unterschiedlichen Bestandteilen zusammensetzt.

Hühner fressen neben Körnerfutter auch Mehl- und Regenwürmer, Bachflohkrebse, Käfer, Engerlinge, Spinnen, sogar Mäuse und kleine Schlangen und Hundefutter. Bei neuen Hühnern kann man sich sehr schnell sehr beliebt machen, indem man ihnen Garnelen oder Krabben aus der Hand anbietet.

Hühner fressen gekochtes Ei oder Rührei (übrigens ohne dadurch in Versuchung gebracht zu werden, sich über ihre selbst gelegten Eier oder die ihrer Kolleginnen herzumachen). Sie fressen etwa eine halbe Tasse Körnerfutter täglich (Hühner, die in einem begrenzten Gehege leben, benötigen davon mehr als Hühner, die Freilauf und damit Zugang zu Käfern, Gras, Unkräutern und Regenwürmern haben).

Am sinnvollsten ist es, eine optimal ausgewogene Basisfütterung zur Verfügung zu stellen und alles andere zusätzlich zu geben; dann kann man sicher sein, dass die Hühner wirklich alles bekommen, was sie brauchen.

Kommerziellen Futtermischungen werden zusätzlich bestimmte Enzymmischungen zugefügt (sogenannte NSP-Enzyme), die dafür sorgen, dass Hühner schwerverdauliche Kohlenhydrate im Futter aufschließen und deren vollen Nährwert verarbeiten können. Getreide enthält 10–17 Prozent für Legehennen unverdauliche NSP, Restkohlenhydrate und Zellwandbestandteile. Durch den Einsatz von NSP-Enzymen können die Nährstoffverfügbarkeit deutlich erhöht und die Stickstoffausscheidungen reduziert werden. Weitere positive Effekte sind die Veränderung der Zusammensetzung der Darmflora und der Abbau von Substanzen, die eine bestmögliche Verwertung der Nährstoffe einschränken.

Man sollte also darauf achten, dass Hühner erst ihr notwendiges, gesunderhaltendes Körnerfutter fressen, bevor sie Leckerlis wie Haferflocken, Sämereien oder Garnelen bekommen. Das ist wie beim Menschen. Der sollte das Dessert ja auch besser nach der nährenden, ausgewogenen Hauptmahlzeit essen. Wenn er den Nachtisch nicht aufisst, ist das egal. Wenn er aber auf Dauer seine Hauptmahlzeiten nicht isst, bekommt er irgendwann Mangelerscheinungen.

Viele kommerzielle Futtersorten enthalten bereits Grit. Allerdings scheinen Hühner es sehr zu schätzen, wenn sie Grit in einem eigenen Gefäß angeboten bekommen.

DIE VORTEILE VON KOMMERZIELLEM HÜHNERFUTTER

Hühner wissen leider nicht selbst am besten, was sie brauchen. In der freien Natur scharren und picken sie den ganzen Tag und nehmen dabei Samenkörner, Grünfutter, kleine Insekten, Würmer und Beeren auf. Die meisten Hühner können sich heutzutage im Freilauf aber nicht ausreichend mit diesem Futter versorgen, sodass sie zusätzlich gefüttert werden müssen. Dabei sollte der Futterplan dem natürlichen Hühnerfutter angepasst sein.

Die Basis des Hühnerfutters sind Körner. Hühner fressen Weizen, Mais, Gerste, Hafer und Roggen. Ein Huhn braucht täglich ungefähr 120 Gramm Futter und 250 Milliliter Wasser. Im Verhältnis zum Körpergewicht und verglichen mit einem Säuger ist das sehr viel, was daran liegt, dass Vögel einen sehr hohen Stoffwechsel haben.

Wer artgerecht füttern möchte, sollte also wissen, was überhaupt in den Futtermitteln enthalten ist. Bei kommerziellen Futtermischungen steht das auf der Tüte und man sollte es sich gründlich durchlesen, denn Huhn ist nicht gleich Huhn: Je nach Alter, Leistung, Haltung und Rasse sind die Stoffwechselprozesse der einzelnen Tiere unterschiedlich. So benötigen wachsende Küken ganz andere Futterbestandteile als erwachsene Hühner, weil sie nicht nur Knochen und Federn bauen müssen, sondern auch Nerven und ihr Gehirn. Das führt dazu, dass sie in den ersten Lebenswochen vor allem einen hohen Bedarf an Vitamin B_{12} und E haben.

Masthühnchen wiederum brauchen andere Nährstoffe, um in relativ kurzer Zeit extrem viele Muskeln aufzubauen, und benötigen dementsprechend andere Eiweißbausteine, Aminosäuren und Spurenelemente als ein Turboleger, der täglich mindestens ein Ei produzieren soll.

Während der Mauser sind dagegen schwefelhaltige Aminosäuren notwendig, schließlich müssen jede Menge neue Federn hergestellt werden. Im Winter wiederum brauchen die Tiere mehr Kohlenhydrate für die Wärmeleistung und im Freilauf verbraucht ein Huhn noch mal 10 Prozent mehr Futter, als wenn es lässig im begrenzten Gehege herumschreitet.

FUTTER SELBST MISCHEN

Es ist durchaus eine Option, das Körnerfutter für seine Hühner selbst zusammenzumischen. Allerdings ist es etwas trickreich, die richtige Balance für den Mikronährstoffbedarf von Hühnern herzustellen. Wer sein Futter selbst anmischen möchte, muss es aber richtig machen und sich vorher gründlich informieren. Denn das Hauptziel ist schließlich, dass die Hühner optimal versorgt sind.

Diese Mikronährstoffe brauchen Hühner:

- **Kalzium:** Sorgt für gleichmäßige, starke Eierschalen, verhindert Rachitis, unterstützt den Schlupf
- **Cholin:** Unterstützt Wachstum und Eiproduktion sowie eine gesunde Leber
- **Kobalt:** Unterstützt das Wachstum und die allgemeine Gesundheit, verhindert Probleme beim Schlupf
- **Folsäure:** Unterstützt ein gesundes Federkleid, Wachstum und Eiproduktion, verhindert Anämie
- **Eisen:** Verhindert Anämie
- **Magnesium:** Verhindert plötzlichen Tod bei Fleischrassen

- **Mangan:** Verhindert Spreizfüße und Probleme beim Schlupf
- **Niacin:** Verhindert deformierte Beine, sorgt für gesunde Schnäbel und Zungen
- **Phosphor:** Sorgt für starke, glatte Eierschalen, unterstützt einen reibungslosen Schlupf, verhindert Rachitis
- **Riboflavin (Vitamin B_2):** Unterstützt die Eiproduktion und gesundes Wachstum
- **Thiamin (Vitamin B_1):** Sorgt für gesunden Appetit
- **Vitamin A:** Unterstützt gesundes Wachstum, Eiproduktion und die allgemeine Gesundheit
- **Vitamin B_{12}:** Unterstützt gesundes Wachstum, verhindert Anämie und Probleme beim Schlupf
- **Vitamin D:** Unterstützt gesundes Wachstum, Eiproduktion und starke Eierschalen, verhindert Rachitis
- **Vitamin E:** Stärkt das Immunsystem
- **Vitamin K:** Unterstützt den Blutgerinnungsprozess, verhindert Einblutungen in der Muskulatur
- **Zink:** Unterstützt eine gesunde Haut und das Federwachstum

Die optimale Nährstoffmenge hängt von der Hühnerrasse, dem Alter und der Nutzung der Hühner ab. Rassen, die nicht auf eine hohe Eierleistung gezüchtet wurden, die also genetisch bedingt weniger Eier legen, wie beispielsweise Cochins, Kampfhuhnrassen und auch einige der sogenannten Zweitnutzungsrassen, kommen wegen der geringeren Menge an gelegten Eiern auch mit einem etwas weniger leistungsbetonten Futter aus. Bei diesen Rassen kann man ohne Weiteres etwas mehr Körnermischung oder anderes Futter zum Legefutter dazugeben.

Bei den Hühnerrassen, die auf hohe Legeleistung gezüchtet wurden – vor allem die Legehybriden, die genetisch auf eine hohe Eierleistung angelegt sind –, führt ein nicht leistungsgerechtes Futter auf Dauer zu Mangelerscheinungen und organischen Schäden. Ein Mangel kann bei diesen Tieren dann auch dazu führen, dass sie durch Federpicken oder Kannibalismus versuchen, die fehlenden Nährstoffe aufzunehmen.

»Ist doch nur ein Huhn!«, werden manche jetzt vielleicht sagen. Das mag sein, aber wir müssen uns deutlich machen, dass jede Leistung eines Huhns unterschiedlich viele Nährstoffe verbraucht. Ein Huhn, das keine Eier legt, würde problemlos und lange leben, wenn es 100 Gramm simples Körnerfutter und dazu Gras fräße, ein paar Käfer und Würmer, mal eine Scheibe Brot … Das würde völlig ausreichen, um ein bisschen herumzulaufen und Knochen, Federn und Muskeln für den Erhaltungsbedarf aufzubauen. Sobald das Huhn aber beginnt, Eier zu legen, muss es aus genetisch festgelegten Gründen fast die Hälfte des aufgenommenen Futters in die Eierproduktion stecken, dazu 75 Prozent des über das Futter aufgenommenen Proteins und 2,5 Gramm der aufgenommenen 3,5 Gramm Kalziummenge. Hühner sind Hochleistungsmaschinen. Es käme schließlich auch keiner auf die Idee, einen Marathonläufer so zu ernähren wie jemanden, der die Hälfte des Tages auf seinem zarten Popo am Schreibtisch sitzt.

ALLEINFUTTER

Würde man Futter selbst mischen, müssten die Nährstoffe also ständig angepasst werden. Wer nicht andauernd Mehlwürmer züchten,

Ein Brahma-Paar im Hof bei der Futtersuche.

Verschiedene Fertigfutter

- Kükenstarter ist für die ersten beiden Lebenswochen und muss 22–23 % Rohprotein enthalten, >11,3MJ/ME, Vitamin B_{12}, Vitamin A, D, E und Methionin.
- Alleinfuttermittel für Hühnerküken (ab der 3. Woche) sollte 17–18 % Rohprotein enthalten, >11,3MJ/ME.
- Junghennenalleinfutter: 13 % Rohprotein, 11 MJ/ME
- Mastfutter I für wachsende Hähnchen von der 3. bis 6. Woche: 21–23 % Rohprotein, 12–13 MJ/ME, Kalzium, Methionin (3,7 % i. RP, Lysin 5,1 % i. RP)
- Mastfutter II, 7. Bis 9. Woche: 19–21 % Rohprotein, 13–13,5 MJ/ME, Methionin (3,7 % i. RP, Lysin 5,1 % i. RP)
- Alleinfuttermittel für Legehennen I (für hohe Legeleistung): 16 % Rohprotein, 11,5 MJ/ME, Ca, Lysin, Methionin, Cystein
- Alleinfuttermittel für Legehennen II (für 50–70 % Legeleistung): 15 % Rohprotein, 11,5 MJ/ME, Ca, Lysin, Methionin, Cystein

Sauermilch produzieren, Getreide fermentieren und Bio-Quark anrühren möchte, dem ist mit den sogenannten Alleinfuttermitteln geholfen, die dem Bedarf von »Durchschnittshühnern« sehr gut angepasst sind.

Auch für die frei laufenden Hühner von uns sogenannten Hobbyhaltern gibt es inzwischen ausgewiesene Futtermischungen: Alle enthaltenen Bestandteile sind so zusammengestellt, dass der Energieverbrauch des frei laufenden Huhns, die höhere Grünfutteraufnahme und das zusätzliche Aufpicken von Würmern, Käfern und anderen Insekten ausgewogen berücksichtigt werden.

Das Gute an Fertigfutter ist, dass es normalerweise von Leuten zusammengestellt wird, die Experten in diesem Bereich sind oder sich zumindest an ebensolchen orientieren. Fleisch und tierische Nebenerzeugnisse aus Nutztieren sind seit BSE in Hühnerfutter nicht mehr erlaubt, Fisch und Insekten dagegen schon. Hühnerfutter basiert normalerweise auf pflanzlichen Proteinquellen, wodurch die richtige Menge einiger wichtiger Aminosäuren wie Methionin und Lysin üblicherweise nicht erreicht werden kann, weshalb synthetische Zusätze zugefügt werden. Die allermeisten Hühnerfuttersorten werden mit solchen synthetischen Nährstoffkomplexen supplementiert, weshalb Hühner, die Fertigfutter bekommen, nur selten an Vitamin- oder Mineralmängeln leiden.

ERGÄNZUNGSFUTTER

In sogenanntem Ergänzungsfuttermittel sind sämtliche notwendigen Vitamine, Mineralstoffe und essenziellen Aminosäuren enthalten, die eine eierlegende Henne braucht. Es ist darauf abgestimmt, mit reinem Körnerfut-

ter gemischt zu werden. Ergänzungsfutter enthält die dem Körnerfutter fehlenden Nährstoffe in höher konzentrierter Form als das Alleinfuttermittel. Auf der Tüte muss stehen, in welchem Verhältnis es gemischt werden soll. Meine Orpingtons bekommen beispielsweise Legemehl und Körnerfutter im Verhältnis 1:1, ein Leistungs-Hybridhuhn müsste eine Mischung 2:1 (Legemehl:Körnerfutter) bekommen.
Körnerfutter ist nur dann ein Alleinfuttermittel, wenn es explizit als solches ausgewiesen ist und darin nicht nur Körner enthalten sind, sondern zum Beispiel auch Erbsen, Soja, Bachflohkrebse oder Garnelen.

DAS ETIKETT

Um sicherzustellen, dass Ihre Hühner wirklich das bekommen, was sie brauchen, dass das Futter keine Medikamente enthält, die Eier oder Fleisch belasten, und dass es sich wirklich um ein Alleinfuttermittel handelt, sollten Sie das Etikett des Futtersacks genau lesen.
In gutem Legefutter sollten je nach Alter, Rasse und Haltungsbedingungen mindestens folgende Nährstoffe enthalten sein:

- Rohprotein: 12–26 %
- Fett: 5–6 %
- Rohfaser: 3–6 %
- Lysin: 0,73–0,75 %
- Methionin: 0,37–0,4 %
- Kalzium: 3,5–4,5 %

Auf dem Etikett muss außerdem das Datum, an dem das Futter hergestellt wurde, oder das Mindesthaltbarkeitsdatum (MHD) angegeben sein. Die Nährstoffe im Futter schwinden nämlich mit der Zeit, weswegen das Futter nach ca. sechs Monaten auch muffig wird. Das schadet den Hühnern zwar meistens nicht, allerdings können durch die nachlassende Nährstoffqualität Mangelerscheinungen entstehen.

ALLES DRIN?

Es gibt Hühnerfutter in Form von Körnermischungen, Pellets, Schrot und Legemehl: Was man füttert, hängt von der Vorliebe der Tiere ab. Pellets sind üblicherweise Alleinfutter, dem keine zusätzlichen Ergänzungsfuttermittel mehr zugegeben werden muss. Sie sind sehr praktisch, weil die Hühner sich keine Lieblingskörner herauspicken können, sondern mit Aufnahme der Pellets wirklich alle Nährstoffe abbekommen, die sie brauchen. Allerdings fressen viele Hühner Pellets nicht mehr, wenn sie erst einmal Körnermischungen probieren durften. Wenn die Hühner keine Pellets (mehr) fressen, kann man versuchen, sie einzuweichen – so sind sie üblicherweise ausgesprochen beliebt. Im Winter kann man die Pellets auch als warmen Brei verfüttern.
Ausgewogene Futtermischungen enthalten nicht nur Getreide, sondern auch Grünfutter, Saaten und vielleicht sogar getrocknete Garnelen oder Bachflohkrebse (je nach Abfüllmöglichkeiten der Hühnerfutterhersteller), in denen ebenfalls wichtige Spurenelemente stecken. Hühner lieben auch Speisereste und dürfen sie auch ruhig zwischendurch bekommen. Es ist aber sehr schwer, auf Basis von Essensresten eine ausgewogene Mahlzeit für Hühner herzustellen. Besser und sicherer ist es, den eigenen Hühnern eine ausgewogene kommerzielle Körnermischung zu füttern und die Essensreste als Delikatesse zuzufüttern.
Noch wenig bekannt ist die Bedeutung von Hanf als Bio-Futtermittel für Geflügel. Hanf ist außerordentlich nährstoffreich und liefert

neben wertvollen Omega-3- und -6-Fettsäuren, Vitaminen und Mineralstoffen auch viel Eiweiß, das wiederum für die Eiproduktion notwendig ist. Das im Hanfkuchen enthaltene Hanföl ist für seine gesundheitsfördernden Eigenschaften bekannt.

Bio-Hühnerfutter muss den Anforderungen der EU-Bioverordnung entsprechen und ohne Gentechnik hergestellt werden.

SUPERFOOD FÜR HÜHNER: GESUNDE ZUSÄTZE

Hochwertiges Körnerfutter lässt sich hervorragend mit Kräutern, Saaten und Aminosäuren ergänzen – wenn man weiß, was Hühnern guttut. Je besser die Hühner ernährt werden, desto länger leben sie und desto gesünder sind auch ihre Eier.

Als »Superfoods« bezeichnet man üblicherweise Nahrungsmittel mit gesundheitsfördernder Wirkung. Sie komplettieren eine gesunde Ernährung. Gleichzeitig bedeutet eine optimierte Ernährung eine umfassende Stärkung von Immunsystem und Verdauungsprozess. Das kurze Verdauungssystem von Hühnern reagiert ungeheuer schnell auf gezielt gesunde Nahrung und Nahrungszusätze.

Zu den Superfoods gehören:

- **Stärkereiche Getreide**, Mais, Reis, Quinoa, Amarant oder Erbsen: Sie liefern gut verdauliche Energie und sorgen für einen eher »nussigen« Ei-Geschmack.
- **Saaten** wie Sonnenblumenkerne oder Chia-Samen: Sie versorgen Legehennen mit wertvollen Ölen und lebenswichtigen Fettsäuren und haben dazu einen hohen Anteil an Omega-3-Fettsäuren und Antioxidantien. Sonnenblumenkerne sind randvoll mit Vitamin B (gut für den Herzmuskel), Vitamin E (antientzündlich), Magnesium und Kupfer, die beide für starke Knochen notwendig sind.
- **Leinsamen:** Sie erhöhen den Anteil der Omega-3-Fettsäuren in den Eiern. Die Fettsäuren in Leinsamen verbessern außerdem die Eiproduktion, den allgemeinen Gesundheitszustand und die Qualität der Befederung.
- **Soja, Erbsen und Samenkörner:** Enthalten essenzielle Aminosäuren und leicht verdauliches Protein.
- **Grünfutter wie Salat, Kräuter und Sprossen:** Sie sind eine optimale Ergänzung zum Grundfutter und liefern die Vitamine C und Vorstufen des Vitamins A (Vitamin A sorgt für ein kräftiges Eigelb).
- **Nutzhanf:** Eignet sich sehr gut als Bio-Futtermittel für Geflügel. Hanf und seine Samen sind sehr nährstoffreich und liefern neben wertvollen Omega-Fettsäuren, Vitaminen und Mineralstoffen auch viel Eiweiß, das Legehennen wiederum für die Eibildung benötigen. Hanföl besitzt eine entzündungshemmende Wirkung, sorgt für ein glänzendes Gefieder und kann sich positiv auf die Gesundheit, insbesondere auf das Herz-Kreislauf-System auswirken.
- **Grit, Muschelkalk oder Kalksteinchen:** Um eine kräftige Eierschale bilden zu können, muss dem Hühnerfutter eine komplexe Mineralstoffmischung zugefügt werden. Alternativ können diese »Steinchen« auch separat angeboten werden.
- **Probiotika:** »Pro bios« bedeutet wörtlich »für das Leben« und damit sind Probiotika sozusagen das Gegenteil von Antibiotika:

Mikroorganismen, die die »guten« Bakterien im Darm nähren und unterstützen. Probiotika werden eingesetzt, wenn es darum geht, die Truppe der erwünschten Bakterien im Darm zu vergrößern und die Darmflora, die vorher durch Stress, Medikamente, Würmer oder Durchfall angegriffen wurde, wieder aufzubauen. Hühner mit einer hohen Anzahl von Keimstämmen mit probiotischer Wirkung sind deutlich weniger krankheitsanfälliger, fühlen sich wohler und legen größere Eier mit härteren Schalen. Sie scheinen auch weniger anfällig für Kokzidiose und andere innere Parasiten zu sein. Tatsächlich gibt es sogar Studien, die zeigen, dass eine regelmäßige Versorgung mit Probiotika das Aufkommen von Salmonellen um 99 Prozent senken kann. Probiotika findet man vor allem in bestimmten Joghurtkulturen. Allerdings sorgen große Mengen an Milchprodukten bei Geflügel häufig für Durchfall, weil die Tiere den enthaltenen Milchzucker nur sehr schlecht verdauen können. Es gibt im guten Futterhandel jedoch verschiedene industrielle Probiotikazusätze für Tiere und speziell für Hühner, die einfach unter das Futter gemischt werden und damit eine deutlich bessere Wahl als Milchprodukte sind.

- **Bierhefe** ist ein wichtiger und schnell wirksamer Zusatz für Hühner, weil sie viele Mineralien und Spurenelemente enthält, vor allem die lebensnotwendigen B-Vitamine. Diese unterstützen einen reibungslosen Energie- und Kohlenhydratstoffwechsel und sorgen für ein gut funktionierendes Immunsystem. B_{12} ist außerdem wichtig für die Nerven (Hühner neigen zu Stress). Bierhefe enthält wertvolle Aminosäuren, die für den Eiweißstoffwechsel essenziell sind, wie Methionin, das bei der Mauser sowie allgemein die Federbildung unterstützt und für ein schönes Federkleid sorgt.
- **Kalzium:** Daraus bestehen die Eierschalen, es macht also eigentlich keinen Sinn, Eierschalen einfach wegzuwerfen. Stattdessen sollte man sie der Blumenerde untermischen oder den Hühnern zurückgeben. Kalziummangel bei Hühnern äußert sich beispielsweise in den sogenannten Windeiern – perfekt ausgebildete Eier, die aber statt von einer Schale nur von der Eihaut umgeben sind – oder in Eiern mit sehr dünner Schale. Dies lässt sich verhindern, indem man Hühnern geschredderte Eierschalen unter das Futter mischt. Es verführt sie keineswegs dazu, die Eier ihrer Kolleginnen aufzupicken. Ich sammle die Eierschalen, die beim Kochen oder Backen anfallen, und trockne sie über Wochen, bevor ich sie in der Küchenmaschine zerkleinere. Dann mische ich die gehäckselten Schalen unter das Futter oder biete sie in kleinen Behältnissen zur freien Verfügung an.
- **Kräuter:** Sie sind unglaublich wirksame Zusätze für Hühnerfutter. Man kann sie getrocknet einfach unter das Futter mischen, die frischen Blätter über das Futter streuen oder in einem Extra-Schälchen zur freien Verfügung anbieten. Meinen Hühnern stelle ich im Winter auch frische Kräutertöpfe in den Stall, denn Petersilie regt die Legetätigkeit an, Basilikum färbt die Eigelbe orange, Dill, Thymian und Oregano wirken lindernd bei Atemwegserkrankungen. Zur Wirksamkeit von Kräutern und welche für Hühner besonders geeignet sind, dazu gibt es mehr ab Seite 129.

Auch wenn Hühner draußen Insekten, Blätter, Klee, Blüten, Samen und Kieselsteinchen fressen können, brauchen sie zusätzlich proteinhaltiges Körnerfutter, um vollwertig versorgt zu werden.

FUTTER IM FREILAUF

Hühner, die den ganzen Tag über auf Wiesen frei herumlaufen dürfen, brauchen üblicherweise ein Drittel weniger Futter als reine Stallhühner. Vollwertig versorgt werden sie, nur weil sie draußen nach Lust und Laune scharren und futtern können, aber noch lange nicht. Auch wenn Ihre Hühner draußen Insekten, Blätter, Klee, Blüten und Samen, Kieselsteinchen fressen – und wenn sie können, alles, was Ihr Gemüsegarten hergibt: Sie brauchen üblicherweise trotzdem zusätzlich proteinhaltiges Körnerfutter. Im Winter finden sie derlei Zusätze nicht mehr und man wundert sich, wie viel Körnerfutter sie plötzlich vertilgen.

WIE VIEL FUTTER BRAUCHEN FREILAUF-HÜHNER?

Tatsächlich brauchen Hühner, die einen sehr großen Freilauf haben, fast die Hälfte weniger Körnerfutter, weil sie so viel natürliche Nahrung finden können. Natürlich hängt die Futtermenge auch von der Größe und der Rasse der Hühner ab, aber grundsätzlich rechnet man etwa 125 Gramm Futter pro 2,5 Kilogramm schwerem Huhn am Tag. Ihre Hühner sollten, auch wenn sie draußen unterwegs sind, den ganzen Tag Zugang zu einem hochwertigen und abwechslungsreich zusammengestellten Hühnerfutter als Basis haben, zusätzlich zu den Dingen, die sie im Freilauf finden. Außerdem sollten Sie den Hühnern vitaminreiches Obst und Gemüse füttern. Gerade im Winter finden Hühner im Freilauf fast keine Kräuter oder Insekten mehr, weshalb ihr Futter mit Frischfutter gepimpt werden sollte. Der Organismus unserer Hühner ist sehr komplex, weshalb eine ausreichende Versorgung mit allen Nährstoffen unverzichtbar ist. Auch im Winter findet man im Supermarkt Obst und Gemüse sowie Wild- und Gartenkräuter, die wichtige Vitamine, Mineralstoffe und Spurenelemente enthalten und die man leicht verfüttern kann.

Außerdem brauchen Hühner zusätzlich zum Futter Grit, das sind kleine Steine und Kieselsteinchen, die der Verdauung dienen (siehe Seite 116–117).

Futterzusatz für Superleger

Wenn Sie in harten Zeiten, zum Beispiel bei anhaltend miserablem Wetter, in Stresssituationen wie Stallpflicht oder auch einfach nur so das Futter Ihrer Legehennen etwas aufbessern möchten, ist dies ein guter Leitfaden:

Auf 22 kg einer bestehenden Körnermischung mischen Sie

- 400 g Sonnenblumenkerne
- 240 g gebrochener Leinsamen
- 500 g Haferflocken (bei Zwerghühnern zarte)
- 180 g Probiotikapulver oder Topinamburextrakt
- 180 g Diatomenerde
- 120 g Bierhefe

DIE VERDAUUNG **BEI HÜHNERN**

Weil Hühner bekanntlich keine Zähne haben, haben sie einen sogenannten Kaumagen, der ihre Nahrung zermahlt. Der Schnabel bildet wie bei allen Vögeln sozusagen den ersten Teil des Verdauungssystems. Bei allen Körnerfressern – so auch bei Hühnern – ist er von einer sogenannten Hornscheide überzogen, bei Hühnern allerdings nur auf der Basis des Oberschnabels. In der Schnabelspitze sind viele sensible Endkörperchen eingelagert, wodurch die Wachshaut ebenso wie die Lamellen der Schnabelkante zu empfindlichen Sinnesorganen werden. Das sogenannte Schnabelspitzenorgan ist für die Auswahl und Überprüfung der Nahrung wichtig.

Drüsen im Schnabelbereich speicheln die aufgenommene Nahrung ein, anschließend gelangt diese durch die Speiseröhre in den Kropf. Der Kropf ist eine Ausbuchtung der Speiseröhre und die einzige »Speichermöglichkeit« der aufgenommenen Nahrung. Im Kropf wird das Futter aufgeweicht und für die weitere Verdauung vorbereitet.

Rachen, Speiseröhre und Kropf, Magen, Darm und Kloake: Der Verdauungskanal ist vergleichsweise kurz, denn Hühner haben wie alle Vögel einen sehr intensiven Stoffwechsel, weshalb die aufgenommene Nahrung nicht lange gespeichert wird. Das Huhn frisst so lange, bis Kropf oder Magen voll sind – was der Grund ist, weshalb Hühner den ganzen Tag überall scharren und picken. Nur so können sie ihren Nährstoffbedarf decken.

Der Hühnermagen besteht aus einem vorderen Drüsenmagen und einem hinteren Muskelmagen, der häufig als »Kaumagen« bezeichnet wird. Im Drüsenmagen wird die Nahrung mithilfe der Magensäure aufgeschlossen.
Im Muskelmagen, der mit einer Art Hornhaut überzogen ist, wird die anverdaute Nahrung anschließend durch Muskelbewegungen mechanisch zerkleinert (was bei uns bereits die Zähne im Mund besorgen). Mithilfe kleiner Steinchen – des erwähnten Grits – wird der Mahlvorgang noch unterstützt.

Die Absorption der Nährstoffe geschieht im Dünndarm.

Eine weitere Besonderheit von Geflügel ist, dass Kot und Urin nicht getrennt voneinander ausgeschieden werden, denn Mastdarm und Harnleiter münden in der sogenannten Kloake. Der grünliche oder bräunliche Kot hat zumeist eine weiße Haube aus Harn oder ist mit weißer Harnsäure durchmischt.

Speiseröhre
Kropf
Drüsenmagen
Muskelmagen
»Kaumagen«
Dünndarm
Kloake

WARUM FERMENTIERTES **HÜHNERFUTTER SO GESUND IST**

Die Hühnermutter und Bloggerin Denise Paché macht sich auf ihrem Blog viele kluge Gedanken über die Fütterung von Hühnern und hat ein hochinteressantes Rezept zur Fermentierung von Hühnerfutter erstellt. Sie finden es unter: https://huehner-kraeuter.de/huehnerfutter-fermentieren-gesundes-futter-selbermachen/

Viele Lebensmittel die wir täglich konsumieren, haben während ihrer Herstellung den Prozess der Fermentation durchlaufen, so wie zum Beispiel Tee, Kaffee, Kakao, Käse, Brot (Sauerteig) oder Bier. Und sicher jeder hat schon einmal von den Vorteilen lacto-fermentierter Lebensmittel wie Joghurt, Sauerkraut oder Kombucha gehört. Sie werden für ihre Nährstoffdichte und Reichtum an Enzymen als besonders gesund angepriesen.

Nicht anders ist es bei Hühnerfutter – die gleichen Vorteile wurden schon in Studien untersucht und von vielen Hühnerhaltern erfolgreich beobachtet.

VORTEILE VON FERMENTIERTEM FUTTER

- Fermentation verbessert den Nährwert des Futters; es wird für den Hühnerorganismus besser verwertbar.
- Der Proteingehalt des Futters wird erhöht.
- Fermentiertes Futter enthält Probiotika (Milchsäurebakterien), die schädliche Mikroorganismen im Darm verringern und das Immunsystem stärken können (es bildet sich eine bessere Abwehr gegen beispielsweise E.Coli und Salmonellen).
- Fermentiertes Futter ist für die Hühner insgesamt leichter verdaulich.
- Es werden neue Vitamine gebildet, insbesondere B-Vitamine und Vitamin K_2, sowie einige Arten von Enzymen.
- Hühnerhalter berichten, dass der Hühnerkot insgesamt fester wird und weniger riecht.
- Größere Eier und festere Schalen.

Noch ein guter Grund: Fermentieren spart Futterkosten! Weil sich die Futtermenge nach der Fermentation fast verdoppelt, sind die Hühner mit weniger Futter schneller satt.

WELCHES FUTTER KANN MAN FERMENTIEREN?

Prinzipiell kann jedes Futter fermentiert werden – ob selbst gemischt oder fertig gekauft. Sie können sogar Gemüse- und Obstreste fermentieren. Wer aber noch nie selbst Lebensmittel fermentiert hat, der wagt sich vielleicht lieber erst mal an die einfache Fermentierung von Körnerfutter.

EINGEWEICHTES FUTTER: WIRD DAS NICHT SCHIMMELIG?

Schon seit Jahrhunderten werden Lebensmittel durch Fermentation haltbar gemacht. Die Lacto-Fermentation ist ein anaerober Prozess (ohne Sauerstoff), bei dem die entstehende Milchsäure eine »unwirtliche« Umgebung für schädliche Bakterien produziert. Wenn der Säuregehalt ansteigt (und der pH-Wert sinkt), verhindert dies, dass sich diese Bakterien in der Nahrung vermehren.

Richtig fermentiert kann kein Schimmel im Futter entstehen. Solange das Futter im Milchsäurebad untergetaucht bleibt, kann es theoretisch auf unbestimmte Zeit konserviert werden. Tatsächlich würde die Masse dann aber zu sauer werden, also nicht mehr wirklich schmecken.

WIE MAN IN DREI TAGEN EINE FERMENTATIONS-ROTATION FÜR HÜHNERFUTTER AUFBAUT

Bei der Fermentation wird das Futter für einige Zeit (zwei bis fünf Tage) unter Wasser »getaucht«. Um regelmäßig fermentiertes Futter zur Verfügung zu haben, setzt man daher am besten drei Einheiten um jeweils einen Tag versetzt an.

Die Temperatur beim Fermentieren sollte in etwa die Wohntemperatur im Haus sein. Wer den Platz hat, findet ein Eckchen in der Küche für die Fermente. Im Keller kann es zu kalt sein, wodurch der Fermentationsprozess langsamer abläuft. Das muss man einfach beobachten und seine »Fermentationsroutine« gegebenenfalls anpassen. Also evtl. fünf Tage fermentieren und entsprechend fünf Behälter parallel ansetzen.

Benötigte Utensilien:

- 3 saubere Glas- oder Plastikbehälter in geeigneter Größe, mit oder ohne Deckel. Die Behälter sollten für Lebensmittel geeignet sein – also keine Plastikeimer für Baumaterialien o. Ä. und kein Metall.
- 1 Plastik- oder Holzlöffel. Letzterer sollte anschließend ausschließlich für die Fermentation des Futters verwendet werden, denn nach einiger Zeit beginnt er, säuerlich zu riechen. Will man vermutlich nicht mehr in der eigenen Küche benutzen.

TAG 1

Morgens eine Ration Futter in einen der Behälter geben, mit Wasser auffüllen und locker verschließen. Man kann den Behälter auch komplett geöffnet lassen, es empfiehlt sich aber, ihn mit einem Stück Gaze o. Ä. abzudecken, damit kleine Krabbler oder Fliegen nicht darankommen.

Gut umrühren und gegebenenfalls Wasser zugeben, bis das Futter komplett unter Wasser ist und darüber eine 3–4 cm hohe Wasserschicht ist. Einzelne Körner werden nach oben schwimmen, das ist nicht so schlimm. Wer es ganz genau machen will, kann die Masse mit einem passenden Gewicht aus Glas oder Stein nach unten drücken.

Ich nehme für die Fermentation in etwa zwei Drittel bis drei Viertel der Menge an Futter, die ich in trockenem Zustand verfüttern würde, denn die Masse dehnt sich fast auf das Doppelte aus. Das sollte auch bei der Wahl des Gefäßes beachtet werden.

Im Laufe des Tages oder abends, wenn man den Hühnerstall schließt, noch mal gut umrühren und, falls nötig, Wasser nachfüllen. Die Körner haben bis dahin schon an Volumen gewonnen. Es ist wichtig, dass sie weiterhin unter Wasser bleiben.

Umrühren bringt den Prozess der Fermentation in Gang und verhindert auch die Schimmelbildung. Optimal wäre es, die Masse im Laufe des Tages zwei- bis dreimal umzurühren. Wer das nicht kann, dem empfehle ich, die Wasserschicht auf dem Futter von Anfang an höher zu setzen, damit das Futter beim Quellen nicht plötzlich »im Trockenen« liegt. Unter ausreichend Wasser läuft die Fermentation anaerob, also ohne Sauerstoff ab und es kann sich kein Schimmel bilden.

TAG 2

Wieder morgens ein neues Gefäß wie oben beschrieben ansetzen. Dabei etwas von der Flüssigkeit der ersten Ration zum neuen Glas

1 Saubere Behälter für die gewünschte Körnermenge bereitstellen. **2** Morgens eine Ration Futter in den Behälter füllen und ca. 5 cm hoch mit Wasser bedecken. Im Laufe des Tages immer wieder umrühren. **3** Dünner weißer Flaum ist normal. Es soll auch säuerlich riechen! **4** Ab dem 4. Tag kann das fermentierte Getreide verfüttert werden.

dazugeben. Bei beiden Gläsern Umrühren nicht vergessen und wieder bzw. weiter darauf achten, dass alles schön unter Wasser bleibt. Im ersten Behälter kann es jetzt schon anfangen zu blubbern oder leicht säuerlich zu riechen. Das ist normal und bedeutet, dass die Fermentation bereits in Gang gekommen ist und sich Hefen aus der Luft dort angesiedelt haben. So soll es sein!

Achtung: Ein dünner weißer Flaum (wie Pollenstaub) ist normal und kann untergerührt werden. Grüner oder blühender weißer Belag dagegen ist Schimmel! Wenn die Masse tatsächlich anfängt zu schimmeln, muss sie auf jeden Fall weggeworfen werden.

TAG 3

Wie an Tag 2 verfahren. Als Starterflüssigkeit für die dritte Ration kann wieder etwas Flüssigkeit der ersten Ration verwendet werden – sie ist bereits »aktiver« als die von Tag 2.

TAG 4

Die erste Ration kann nun verfüttert werden – an ihrer statt wird wieder eine frische Ration angesetzt. Durch dieses Rotationsprinzip steht immer »frisch« fermentiertes Futter zur Verfügung. Das fermentierte Hühnerfutter sollte in der Konsistenz von Haferschleim verfüttert werden, nicht als Suppe. Gegebenenfalls muss man vor dem Verfüttern etwas Flüssigkeit wegschütten (oder als Starter für die frische Ration verwenden). Tatsächlich kann man fermentiertes Hühnerfutter auch warm (nicht heiß!) verfüttern.

Nicht gefressenes Futter sollte nicht lange rumstehen! Nach einiger Zeit sieht man, was die optimale Menge ist, die bei Einmal-Füttern von der Hühnerschar verzehrt wird, und kann dementsprechend weniger fermentieren und so Abfall vermeiden.

Es kann auch sein, dass sich die Hühner anfangs noch an den neuen Geschmack gewöhnen müssen. Wer noch beliebte frische Gemüsereste untermischt, erleichtert ihnen die Umstellung.

FAZIT

Fermentierung eignet sich wunderbar, um »mehr« aus dem Hühnerfutter herauszuholen. Mehr Masse, mehr Vitamine, mehr gesundheitsfördernde Wirkstoffe. Wenn man einmal sein »System am Laufen« hat, macht es wenig Arbeit und spart bares Geld, bei gleichzeitig verbesserter Nährstoffversorgung.

Wer Lust bekommen hat, sich weiter mit dem Thema Fermentierung zu beschäftigen, dem empfehle ich sehr die Bücher »The Art of Fermentation« und »Wild Fermentation« von Sandor Katz.

Eine Zusammenfassung einer dänischen Studie, die sich mit dem Füttern fermentierten Hühnerfutters an Legehennen befasst hat, ist hier zu finden (in englischer Sprache):
https://www.ncbi.nlm.nih.gov/pubmed/19373724

Eine Übersicht des African Journal of Biotechnology (auch in Englisch) zum Thema gibt es hier:
http://www.ajol.info/index.php/ajb/article/viewFile/60378/48610

Die meisten Hühner halten fermentiertes Getreide für eine echte Delikatesse, die dazu auch noch zusätzliche Nährstoffe liefert.

WASSER,
MARSCH!

Hühner brauchen viel Flüssigkeit, damit sie gesund bleiben. Frisches kühles Wasser ist also überlebenswichtig. Aber es muss nicht immer pures Wasser sein.

Wasser ist, wie wir alle wissen, die Quelle allen Lebens, das ist bei Hühnern nicht anders. Wenn man bedenkt, dass ein Ei zu 65 bis 75 Prozent aus Wasser besteht und eine Henne etwa alle 26 Stunden ein Ei legt, versteht man erst recht, warum Hühner vergleichsweise viel trinken – je nach Größe, Wetter und Temperatur bis zu einem halben Liter am Tag – und warum Hühner in heißen Sommern irgendwann mit dem Legen aufhören. Um ein Ei formen zu können, benötigt der Hühnerkörper Wasser, das daher täglich »ersetzt« werden muss. Legende Hennen trinken daher mehr als Hähne oder Hennen, die gerade nicht legen. Eine Henne, die 24 Stunden kein Wasser trinken konnte, stellt das Eierlegen ein. Und es kann dann bis zu drei Wochen dauern, bis sie wieder richtig »in den Fluss« kommt.

VERSCHMUTZTES WASSER

Wenn das Wasser im Wassergefäß schmutzig wird, weil Hühnerkot, Sand oder gärendes Körnerfutter darin gelandet ist, nehmen Hühner das Wasser üblicherweise nicht mehr an. Das Gleiche geschieht, wenn das Wasser durch hohe Außentemperaturen oder weil es in der Sonne steht, wärmer als 22 °C ist. In verschmutztem, warmem Wasser können sich ungesunde Algen, Keime und Bakterien bilden, die Hühner können Salmonellen, Listeriose, Botulismus und Kokzidiose bekommen, die ihren kleinen Körper schwer angreifen und schließlich zum Tode führen können.
Wassergefäße sollten daher täglich (mit Seife!) gesäubert und bei wärmeren Temperaturen immer im Schatten platziert werden. Außerdem ist es besser, mehrere Wassergefäße aufzustellen, damit auch jene Hühner, die in der Hackordnung weiter unten stehen, immer Zugang zu frischem Wasser haben. Zudem steht so immer eine »Reserve-Wasserquelle« zur Verfügung, falls mal ein Gefäß umkippt oder mit Hühnerkot verschmutzt ist.

ZUSÄTZE FÜR GESUNDES WASSER

Sie können dem Trinkwasser, statt es pur zu geben, verschiedene natürliche Zusätze hinzufügen und so das Immunsystem der Hühner zusätzlich unterstützen.

APFELESSIG

Das ist ein »Basiszusatz«, den ich meinen Hühnern mehrfach pro Woche ins Trinkwasser gebe – auf 3,5 l Wasser kommt 1 EL naturtrüber Bio-Apfelessig. Er erhöht die Resorption von Kalzium und anderen Mineralien.
Apfelessig gleicht außerdem den pH-Wert des Wassers aus und sorgt auf diese Weise dafür, dass das Wasser »ungastlicher« wird für Algen und Keime. Der Essig wirkt sich außerdem günstig auf das Verdauungssystem von Hühnern aus und wirkt probiotisch, dient also als Nahrung für die »guten«, nützlichen Darmbakterien. Es scheint auch gegen Kokzidien zu helfen (siehe ab Seite 223), die in geringem Maß im Darm von fast allen Hühnern vorkommen, bei massiver Ausbreitung allerdings tödlich sein können.
Hühner scheinen Apfelessig zu schätzen: Wenn ich meinen Wassergefäße mit Apfelessig anbiete und gleichzeitig andere ohne, trinken sie mehr aus dem Essigwasser. Wichtig: Apfelessig sollte nur in Kunststoffgefäße gefüllt werden. Wassergefäße aus Metall rosten bei der Zugabe von Apfelessig.

KRÄUTERTEE

Kräutertee ist ein hervorragender Zusatz, falls ein Huhn oder mehrere Hühner niesen – oder auch zur Vorbeugung, wenn das Wetter nasskalt und schauderhaft ist. Man kann im Prinzip alle frischen oder getrockneten Kräuter aufbrühen, meine Hühner lieben ganz besonders Oregano- und Petersilientee (wirkt antibiotisch!) oder Tee aus Basilikum, Hagebutten und getrockneten Rosenblättern.

Löwenzahntee ist großartig für geschwächte Hühner, weil er in hohem Maß Protein und viele Vitamine und Mineralien enthält. Studien haben leistungssteigernde und erschöpfungswidrige Wirkungen durch Löwenzahnextrakt bewiesen. Die Pflanze fördert zudem die Verdauung und hilft bei Appetitmangel.

Um einen Kräutertee herzustellen, füllen Sie die gewünschten Kräuter in einen Topf, übergießen sie mit kochendem Wasser und lassen das Ganze 10 Minuten ziehen. Seihen Sie die Kräuter anschließend mit einem Sieb ab und lassen Sie den Tee auf Zimmertemperatur abkühlen, bevor Sie ihn in das Wassergefäß für die Hühner füllen. Sie können auch etwas Honig hinzufügen, dessen antibakterielle Wirkung sich sehr wohltuend auf die Atemwege der Hühner auswirken kann.

KNOBLAUCH- UND BÄRLAUCHWASSER

Beides wirkt sehr gut als Prophylaxe gegen Wurmbefall, außerdem riecht nach meiner Erfahrung der Hühnerkot weniger streng.

Zur Herstellung von Knoblauchwasser zerdrücken Sie ein, zwei Knollen und legen Sie in das Wassergefäß. Alle paar Tage sollten Sie die Knollen wechseln. Bärlauchwasser wird wie Kräutertee zubereitet.

HÜHNER VERWÖHNEN

Jeder von uns verwöhnt gerne jene, mit denen er es besonders gut meint – und dazu gehören meistens auch unsere Hühner. Allerdings sollte man des Guten nicht zu viel tun, denn das Problem ist das gleiche wie bei uns: Wenn Hühner zusätzlich zu ihrem normalen Futter viele besondere Köstlichkeiten zu fressen bekommen, sind sie satt und fressen nicht mehr genug von ihrer ausgewogenen Nahrung. Doch nur die versorgt sie mit allen notwendigen Nährstoffen. Hühner, die besonders viele Leckerlis bekommen, leiden häufig an Mangelerscheinungen.

Grundsätzlich sollten die Besonderheiten nicht mehr als zehn Prozent des täglichen Futters ausmachen und am besten füttert man diese zusätzlichen Dinge erst mittags oder nachmittags. Auf diese Weise stellt man sicher, dass sich die Hühner schon mal an ihrem eigentlichen, richtigen und wichtigen Hauptfutter satt gefressen haben.

Hühner lieben Essensreste und auch Reste von Hunde- oder Katzenfutter, allerdings sollten Sie diese Dinge wie Junk Food behandeln: die Dosis macht das Gift. Man kann ihnen ohne Weiteres überreifes Obst geben, müden Salat, altes Brot, nicht mehr ganz knackiges Gemüse, Fleisch- und Fischreste oder übrig gebliebene Nudeln. Achten Sie aber darauf, dass die »Abfälle« niemals vergammelt, angefault oder gar schimmelig sind und auch nicht zu salzig oder mit Zucker vollgestopft (also keine gezuckerten Frühstücksflocken, gesüßtes Granola-Müsli, keine Chips oder gerösteten Erdnüsse, nichts Frittiertes).

GESUND VERWÖHNTE HÜHNER

Die Ausnahme der strengen Regel machen die »gesunden« Leckerlis, die Hühner zur freien Verfügung haben dürfen. Dazu gehören Salate wie Rucola (bei meinen Hühnern wahnsinnig beliebt), frischer Spinat oder Mangold, Löwenzahnblätter, verwurmte Äpfel, Melonen, jede Sorte Obst, längs aufgeschnittene Bananen, Beeren wie Brombeeren, Himbeeren, Blaubeeren (dass man die essen kann, müssen Hühner oft erst lernen), Rosinen, Pflaumen, Gurken, Alfalfa-Sprossen, Kürbis, geraspelte Möhren (am besten etwas Leinöl darübergeben, denn das Beta-Carotin in Möhren ist fettlöslich), Sonnenblumenkerne, Petersilie, Fisch, hart gekochte und Rühreier oder getrocknete Sonnenblumenköpfe, die man im Spätherbst oder im Winter häufig auf Feldern schneiden kann, denn die Bauern nutzen Sonnenblumen häufig als Zwischenfrucht bzw. Gründünger, der nicht genutzt, sondern später einfach untergepflügt wird.

WAS HÜHNER NICHT FRESSEN DÜRFEN

Manche Lebensmittel enthalten Stoffe, die für Hühner giftig sind oder ihre Gesundheit angreifen können. Viele dieser Substanzen sind nicht sofort tödlich, können aber in entsprechenden größeren Mengen zu ernsthaften gesundheitlichen Problemen führen und damit letztendlich zum frühzeitigen Tod.
Zu den Dingen, die für Hühner ungesund sind, zählen:

- Verdorbene oder schimmelige Lebensmittel sind für Hühner ebenso schädlich wie für Menschen.
- Stark gewürzte und sehr salzige Speisen.
- Kohl ist nur in kleinen Mengen verträglich.
- Lange, harte Grashalme können zu Kropfverstopfung führen.
- Bereits matschiger oder gärender Rasenschnitt (frisch ist er dagegen ein echter Hühner-Leckerbissen).
- Giftige Pflanzen wie Fingerhut, Eibe, Efeu, Buchs, Hortensie, Hyazinthen, Kirschlorbeer und Clematis – wobei die meisten Hühner von sich aus diese Pflanzen gar nicht anrühren.
- Rohe Nachtschattengewächse wie Kartoffeln (vor allem nicht die rohen Schalen, die für Hühner giftige Alkaloide enthalten), Auberginen, Paprika.
- Rohe Zwiebeln zerstören durch die enthaltenen Thiosulfate die roten Blutkörperchen und können, wenn sie in großen Mengen verfüttert werden, Blutarmut oder Gelbsucht verursachen.
- Stark Vitamin-C-haltiges Obst wie Zitronen, Orangen oder Kiwis, denn große Mengen an Vitamin C können Darmblutungen verursachen und zum Tod der Tiere führen.
- Süßigkeiten und Schokolade sind für Hühner tabu. Wenn sich in einem Haufen Speiseabfälle ein trockenes Stück Kuchen »versteckt«, ist das nicht so schlimm. Gesüßte Müslis, Müsliriegel, Gummibärchen etc. enthalten dagegen sehr viel Zucker und führen zu Übergewicht. Dunkle Schokolade enthält Theobromin, das für Geflügel hochgiftig ist.
- Koffein ist für Hühner giftig. Und auch wenn völlig klar ist, dass Sie nicht auf die Idee kämen, Ihren Hühnern ein Kännchen Kaffee zu servieren, vergessen die meisten, dass sie den Kaffeesatz, Teebeutel oder Schwarz- und Grünteereste üblicherweise in den Kompost geben – und frei laufende Hühner dem Komposthaufen nicht widerstehen können.

Kräuter sind gesund und wahre Immunbooster. Viele enthalten zudem auch noch ätherische Öle, die Schädlinge abschrecken.

KRÄUTERKUNDE FÜR HÜHNERHALTER

Ich bin, was meine Haustiere betrifft, eine ziemlich entschlossene Kräutertante. Kräuter sind nämlich nicht nur besonders vitamin- und mineralstoffreich. Viele besitzen auch antientzündliche Eigenschaften und lassen sich ganz gezielt bei bestimmten Beschwerden einsetzen. Allerdings gilt es, auch bei Kräutern mit Bedacht vorzugehen: Viel hilft nicht immer viel.

BRENNNESSELN

Sie enthalten zahlreiche hochgeschätzte sekundäre Pflanzenstoffe und können eine »antientzündliche« Fütterung unterstützen. Sie können den Hühnern die Brennnesseln dazu als Tee bzw. Aufguss reichen oder klein geschnitten – frisch oder getrocknet – direkt über das Futter geben: Immer stärken sie das Immunsystem, wirken blutreinigend und sind reich an Mineralstoffen und Vitaminen. Brennnesseln regen zudem die Legetätigkeit an und wirken in der Kükenaufzucht prophylaktisch gegen Wurmbefall. Man kann sie fabelhaft büschelweise trocknen, indem man sich im Sommer den ganzen Heizungskeller mit großen Sträußen Brennnesseln als Winterfutter vollhängt. Am besten erntet und verarbeitet man sie mit festen (beschichteten) Handschuhen.

SALBEI

Lässt sich gut in Töpfen auf dem Balkon oder sogar auf der Fensterbank anpflanzen. Verwendet werden die Blätter. Sie enthalten verschiedene sekundäre Pflanzenstoffe wie zum Beispiel Polyphenole. Salbei wirkt appetitanregend, normalisiert die Verdauung, löst Krämpfe im Magen-Darm-Trakt, wirkt gegen Viren, Bakterien und Pilze, hemmt Entzündungen und lindert Schmerzen. Er besitzt hervorragende antioxidative Eigenschaften und wird deshalb klein geschnitten einfach ins Futter gemischt oder als Tee bei bakteriellen und viralen Entzündungen eingesetzt. Wegen seiner starken ätherischen Öle sollte Salbei allerdings nur als Kur gegeben werden.

THYMIAN

Dieses Kraut wirkt ebenfalls antientzündlich und antibakteriell, sogar pilzhemmend. Es wird vor allem bei Atemwegsproblemen eingesetzt, weil es – vor allem als Tee – entzündungshemmend, schleimlösend und sogar appetitanregend wirkt. Thymian kann frisch, getrocknet und auch als ätherisches Öl verwendet werden. Hat man ein stark erkältetes Huhn, lohnt es sich, frischen Thymiantee im Stall aufzustellen, der die Raumluft befeuchtet, während sich gleichzeitig ätherische Öle verteilen, die die gereizten Atemwege beruhigen. (Wichtig: ausreichend hoch stellen und auf Standfestigkeit achten, damit sich nicht versehentlich ein Huhn mit umfallendem heißen Tee verbrüht.) Ebenso kann man Thymianblätter getrocknet oder frisch über das Futter streuen.

MAJORAN

Regt die Legetätigkeit an, wirkt entzündungshemmend, abschwellend und entschlackend und verbessert die Blutzirkulation. Sie können ihn frisch oder getrocknet direkt über das Futter streuen.

KRESSE

Kresse (vor allem echte Brunnenkresse) ist für ihre antioxidative Wirkung bekannt und enthält viele sekundäre Pflanzenstoffe, außerdem Senföle, reichlich Vitamin A und C und keimhemmende Bitterstoffe. Brunnenkresse unterstützt die körpereigenen Selbstheilungskräfte bei Erkrankungen der Luftwege. Hühner mögen zudem den scharfen Geschmack, der auch prophylaktisch gegen Wurmbefall helfen kann.

PFEFFERMINZE

Sie fördert dank der starken ätherischen Öle die Gesundheit der Atemwege und besitzt starke antioxidative Eigenschaften. Intensiv im Stall verteilt wirkt Pfefferminze unangenehm für Mäuse und Insekten. Hühner dagegen fressen sie sehr gerne, besonders im Sommer – möglicherweise kühlt sie innerlich. Außerdem regt Pfefferminze die Federbildung an. Ich pflanze in meinem Hühnergehege verschiedene Minzsorten in großen Töpfen an. Denn weil Minze dazu neigt, ziemlich stark zu wuchern, verdrängt sie bei ungehindertem Wachstum leicht benachbarte Pflanzen. So haben alle Platz und meine Hühner haben trotzden immer freien Zugang zu frischer Minze. Und was sie nicht fressen, lässt sich gut trocknen und lagern.

LÖWENZAHN

Dieses »Unkraut« ist bei Naturverbundenen sehr beliebt in Salaten und Smoothies, denn es enthält nicht nur verdauungsfördernde Bitterstoffe, sondern ist außerdem extrem reich an verschiedenen sekundären Pflanzenstoffen. Löwenzahn vereint antientzündliche, antibakterielle, antivirale und antioxidative Eigenschaften, ist also ein wahres Superfood. Hühner fressen ihn am liebsten klein geschnitten über das Futter gestreut. Sie können Löwenzahn aber auch gut trocknen und im Winter verfüttern.

LAVENDEL

Wirkt nicht nur bei Menschen beruhigend und entspannend, Hühnern geht es ganz genauso. Außerdem regt Lavendel die Durchblutung an. Seine starken ätherischen Öle wirken unangenehm auf Insekten, weshalb er der natürlichen Insektenabwehr dient. Ich habe überall im Garten große Büschel Lavendel angepflanzt und streue regelmäßig Blüten oder Blätter in die Legenester und den ganzen Stall, wenn ich neue Hühner dazusetze (die schleppen nämlich gerne mal ungebete Gäste ein). Auch das ätherische Lavendelöl eignet sich hierfür hervorragend.

FENCHEL

Fenchel wirkt krampf- und schleimlösend und eignet sich frisch oder getrocknet als antibakterielles Erkältungsmittel. Außerdem fördert er das Eierlegen. Bei Augenlidentzündungen kann man einen Aufguss für die Waschung mit einem Wattebausch erstellen.

KAMILLE

Sie wirkt aufgrund ihrer starken ätherischen Öle beruhigend und entspannend, außerdem antibakteriell und entzündungshemmend. Frisch oder getrocknet in den Ecken des Hühnerstalls aufgehängt, kann sie Fliegen und Käfer abwehren. Die getrockneten Blätter und Blüten im Futter wirken krampflösend und schmerzlindernd. Kamille gehört zu jenen Blumen bzw. Kräutern, die ich großzügig in die Legenester streue.

SCHAFGARBE

Wirkt appetitanregend, verdauungsfördernd und hilft sehr gut bei Durchfall, entgiftet gleichzeitig und wirkt frisch oder getrocknet im Wasser kreislaufstabilisierend, was in heißen Sommern sehr hilfreich sein kann, denn Hühner reagieren recht empfindlich auf Hiitze.

SCHNITTLAUCH

Ist mit seinen starken ätherischen Ölen ein Segen für die Verdauung und regt den Appetit an. Frischer Schnittlauch ist eine hervorragende Eisenquelle, was ihn besonders wertvoll macht bei der Versorgung von Legehennen und bei der Aufzucht von Küken.

LINDENBLÜTEN

Sie sind seit Langem als immunstimulierend, schleimlösend und beruhigend bekannt. Bei Atemwegserkrankungen sind sie unverzichtbar zur Zubereitung eines Tees.

SPEZIELLE KRÄUTERMISCHUNGEN

Für besondere Anlässe füttere ich Kräutermischungen – im Sommer frisch, ansonsten habe ich sie getrocknet in mittelgroßen Gläsern griffbereit im Stall. Die Kräuter werden zu gleichen Teilen gemischt.

- **Immunbooster-Kräutermischung:** Korianderblätter, Salbei (geschnitten), Pfefferminzblätter, Estragon
- **Champion-Legehennen-Kräuter:** Fenchel, Majoran, Fenchelsaat, Petersilienblätter, Brennnesseln
- **Kräuter für Legenester:** Lavendelblüten, Lavendelblätter, Rosenblütenblätter, Pfefferminze, Zitronenmelisse

Kapitel 7

MIT HÜHNERN **STRESS-FREI** UMGEHEN

Tatsächlich ist es für das normale Wohlbefinden sehr wichtig, dass man seine Hühner mit möglichst wenig Stress handhabt und anfasst: Es macht den täglichen Umgang mit ihnen unendlich viel leichter und angenehmer.

HÜHNER FANGEN UND HALTEN

Das Wichtigste ist, dass man Hühner mit großer Ruhe einfängt, trägt und hält, ohne sie in Angst und Schrecken zu versetzen. Für einen frischgebackenen Hühnerhalter kann der Umgang anfangs ziemlich frustrierend und sogar angsteinflößend sein, aber ich verspreche: Mit etwas Übung wird es immer einfacher.

Wenn man sich um seine Hühner richtig kümmern möchte, muss man sie manchmal auch anfassen und halten. Wenn irgend möglich, wartet man damit bis zum Abend, bis alle im Stall auf ihren Stangen sitzen, und nimmt das Huhn, um das es geht, dann ganz ruhig von der Stange.

Wenn Sie nicht so lange warten können, schließen Sie alle Stall- und anderen Türen und drängen das jeweilige Huhn ganz ruhig und so wenig bedrohlich wie möglich in die kleinste Ecke, sodass es nicht nach rechts oder links entkommen kann. Greifen Sie nicht von oben nach dem Huhn – so verhalten sich

Raubtiere –, sondern von unten nach den Beinen und schieben Sie das Huhn so in Ihre Hand vor der Brust. Nehmen Sie das Huhn dann auf den Arm. Greifen Sie nicht nach seinem Hals, das würde ebenfalls Panik auslösen. Außerdem kann er leicht brechen.

Ein Huhn aus dem Nest zu nehmen ist ganz einfach: Greifen Sie mit einer Hand um seine Brust und schieben Sie die andere Hand unter sein Hinterteil. Anschließend schieben Sie das Huhn wie einen Fußball unter den Arm und halten es an der Brust.

Wenn Sie ein Huhn behandeln wollen und keine zweite Person zugegen ist, die Ihnen helfen kann, wickeln Sie das Huhn in ein Handtuch – aber nicht würgen, sondern so, dass es die Flügel nicht mehr bewegen kann, sich sicher fühlt und seine Rippen sich beim Atmen noch dehnen können. Anschließend versorgen Sie es dann.

Kinder ersticken Küken leider häufig, weil sie sie viel zu fest in der Hand halten. Achten Sie darauf, dass das Küken locker in der hohlen Hand sitzt, während es mit dem Kopf durch die Finger sehen kann.

NICHT SCHEUCHEN

Wenn ein Huhn aus dem Gehege abhaut, bekommen viele neue Hühnerbesitzer Panik. Das ist verständlich, glücklicherweise jedoch völlig unnötig. Denn Hühner entfernen sich normalerweise nicht weit von ihrem Stall – außer, sie werden gejagt. Also besser nicht aufscheuchen. Wenn Sie die Stalltür offen lassen, kommt das abtrünnige Huhn spätestens kurz vor Einbruch der Dunkelheit von ganz alleine wieder nach Hause.

Selbst wenn die ganze Hühnerschar einen ungeplanten Ausflug macht, brauchen Sie sich keine Sorgen zu machen: Suchen Sie zuerst das Loch im Zaun, durch das sie getürmt ist, und schließen Sie es, damit die Truppe nicht gleich wieder ausbüchst. Dann locken Sie die Hühner mit Futterschüssel-Geklapper und einem »Futterruf« (wie »Putputput« oder »Wullewullewulle« – jeder nutzt einen anderen Laut) wieder in ihr Gehege.

Nur kein Stress

Zum Wissen, wie man mit Hühnern umgeht, gehört auch, zu wissen, wie und wann man am besten nicht mit ihnen umgeht.

- Wenn es im Sommer sehr heiß ist, sollte man Hühner am allerbesten völlig in Ruhe lassen, denn der Extrastress könnte sie tatsächlich umbringen.
- Auch wenn Hühner von einem Feind gejagt oder attackiert wurden, geben Sie ihnen möglichst 30 Minuten Zeit, bevor Sie sie untersuchen, damit sich ihr Adrenalinlevel wieder normalisieren kann, ehe man sie mit der Untersuchung erneut stresst. Eine solche »Ruhezeit« kann einen Schock verhindern.

HÜHNER
ZUTRAULICH MACHEN

Sie können einiges dafür tun, wenn Sie möchten, dass Ihre Hühner zutraulicher werden. Wie bei fast jedem Tier (und den meisten Menschen) geht Vertrauen grundsätzlich erst einmal durch den Magen.

Hühner sind neugierig, lieben Gesellschaft, folgen einem im Garten häufig auf Schritt und Tritt und interessieren sich für jeden Spatenstich, den man macht. Manche Hühner sitzen auch gerne auf den Knien ihrer Menschen oder flattern ihnen sogar auf die Schultern und machen sich flach, um hochgehoben zu werden: Allerdings sind diese Hühner eher selten. Mit einigen wenigen Ausnahmen freuen sich Hühner nicht wirklich darüber, wenn sie dauernd hochgehoben, gestreichelt und gekrault werden. Die Hühner, die gelernt haben, körperlichen Kontakt zu Menschen zu mögen, sind meistens die, die aufgrund von Krankheit oder

Mobbing über einen längeren Zeitraum allein im Haus ohne Artgenossen gehalten wurden. Auch eine sehr zahme Mutterglucke, die ihren Küken mit ihrem eigenen Verhalten zeigt, dass Menschen hervorragende wandelnde Futterautomaten sind, kann helfen, Vertrauen zu gewinnen.

Grundsätzlich wirkt der Mensch auf seine Hühner dann sympathisch, wenn er sich in ihrer Nähe ruhig und vorhersehbar bewegt, mit ruhiger, weicher Stimme spricht, ihnen Besonderheiten wie Bachflohkrebse, Garnelen o. Ä. aus der Hand anbietet und ihnen dann beim Fressen einfach nur zusieht, anstatt ihnen gleich eine Streicheleinheit zuzumuten. Hühner können Überraschungen nicht leiden – aber alles, womit sie rechnen können, was voraussehbar ist, ist für sie okay. Ich ziehe beispielsweise immer wieder Orpingtons auf, die ich bei warmem Wetter aus ihrer Kükenbox in eine große Schachtel umquartiere und in ihr Kükengehege in den Garten trage: Jeden Morgen nach draußen ins Freie, jeden Abend wieder zurück ins Haus. Zu den üblichen Tageszeiten sitzen sie parat und warten auf ihr Kükentaxi. Diese Küken lassen sich meistens auch später sehr gut hochnehmen und anfassen. Aber trotzdem sind sie keine Kuscheltiere.

Wichtig ist, dass man von Anfang an viel Zeit im Hühnergehege verbringt und einfach ruhig dasitzt und den Tieren zusieht – ohne zu versuchen, sie anzufassen oder uns ihnen aufzudrängen. Auf diese Weise lernen die Hühner uns kennen und unsere Anwesenheit als normal zu betrachten. Je besser sie uns kennenlernen, je öfter wir ihnen in aller Ruhe Leckerbissen aus der Hand anbieten, desto angenehmer finden sie unsere Anwesenheit. Der Schlüssel zu zutraulichen Hühnern ist eine ruhige, vertraute und sichere Umgebung mit vorhersehbaren Menschen und Bewegungen und ein bisschen positive Verstärkung durch besondere Leckerbissen aus der Hand. Es dauert eine ganze Weile, bis das Huhn – ein klassisches Beutetier, dessen Fluchtverhalten genetisch fest verankert ist – verstanden hat, dass es Ihnen offensichtlich trauen kann. Wenn Ihre Hühner erst einmal eine Bindung zu Ihnen aufgebaut haben, ist es einfach, weil Hühner sich ja alles voneinander abschauen. Manche Hühner werden trotzdem nie richtig zahm – und das ist auch in Ordnung, denn das ist einfach ihre Persönlichkeit.

Liebe geht über den Magen, daher kann man auch Hühner vor allem mit besonderem Futter zutraulich machen.

HÜHNER **TRAINIEREN**

Hühner lassen sich mithilfe klassischer Konditionierung recht leicht trainieren. Sobald die Junghühner alle richtigen Federn haben, kann man mit dem Clicker-Training anfangen. Alles, was man braucht, ist Zeit und Geduld.

Man weiß heute, dass eine Belohnung als Motivation das Lernen unendlich erleichtert, während Strafen und aversive Methoden, die Angst oder Widerwillen hervorrufen, den Lernprozess verlangsamen. Das gilt für Menschen genauso wie für Tiere.

Ein Clicker ist nichts anderes als ein Knackfrosch. Mit dem Geräusch kann ein erwünschtes Verhalten präzise in dem Moment markiert werden, in dem es stattfindet – ganz anders als durch Worte, die immer ein bisschen zu spät kommen und ein bisschen zu lang sind und die Tiere, die nicht eng (im Haus) mit uns zusammenleben, zudem irritieren können.

Die Methode der positiven Verstärkung und der »operativen Konditionierung« ist seit Langem wissenschaftlich anerkannt. Überall auf der Welt arbeiten Neurowissenschaftler in ihren Laboren mit Versuchstieren mit dem Clicker. Auch in den meisten Zoos wird heutzutage der Clicker eingesetzt, etwa um den Tieren beizubringen, sich an das Gitter ihres Geheges zu lehnen, damit man sie zum Beispiel ganz ohne Stress impfen kann.

Sie können mit dem Training überall anfangen, tun es am besten aber dort, wo es Ihnen am besten gefällt und Sie sich gut konzentrieren können: im Gehege, im Freilauf oder im Stall. Allerdings sollte das Umfeld so beschaffen sein, dass die Hühner sich nicht bedrängt fühlen oder gar in Stress geraten. Training klappt außerdem immer dann am besten, wenn die Hühner nicht schon zu viel gefressen haben. Sonst sind sie an Belohnungen möglicherweise weniger interessiert – und das macht es ungleich schwieriger.

AUF RUF KOMMEN

Hühnern beizubringen, auf einen bestimmten Ruf oder ein Geräusch angelaufen zu kommen, ist unglaublich wertvoll – und gar nicht so schwer. Man bringt es ihnen einfach bei, indem man sie für erwünschtes Verhalten mit etwas Fabelhaftem belohnt.

Sie rufen die Hühner, die Hühner kommen angelaufen, Sie machen das »Klick!«-Geräusch und werfen den Hühnern eine besondere Belohnung zu. Anstelle eines Clickers kann man auch ein Glöckchen oder eine Pfeife einsetzen oder ein Schnalzen oder ein bestimmtes Geräusch machen. Die Hühner werden das Geräusch bald mit der Belohnung verbinden. Je öfter Sie das wiederholen, desto schneller lernen die Hühner, dass Ihr Rufen Gutes verheißt, und sind prompt zur Stelle.

Stellen Sie sich möglichst so hin, dass Ihre Hühner Sie gut sehen können, und halten Sie Ihre Belohnung auf Augenhöhe der Hühner in der Hand. Nehmen Sie vorzugsweise Belohnungen, die Ihre Hühner nicht so oft bekommen, auf die sie aber besonders scharf sind wie Garnelen, Mehlwürmer, Bachflohkrebse oder geschälte Sonnenblumenkerne.

Bieten Sie der Leithenne – oder dem verfressensten Huhn – die Belohnung aus Ihrer Hand an. Sobald das Huhn die Belohnung aus Ihrer Hand frisst, klickern Sie (oder machen das jeweilige »Marker«-Geräusch). Ab jetzt verwenden Sie immer dieses spezielle Geräusch, um ein erwünschtes Verhalten Ihrer Hühner zu »kommentieren«. Auf diese Weise lernen Ihre Hühner, dass Ihr Rufen – Herankommen – Klickern bedeutet, dass es eine Belohnung gibt. Wiederholen Sie diese Übung über ein, zwei Wochen, bis die Hühner sofort angelaufen kommen, sobald Sie rufen. Jetzt können Sie ohne Klickern die Belohnung verteilen, denn das Ruf-Kommando sitzt. Sie werden merken, wie viel einfacher es ist, die Hühner in den Stall zu bewegen oder nur mal zu überprüfen, ob noch alle da sind.

Auf die gleiche Art und Weise kann man Hühnern beibringen, einem aufs Knie zu hüpfen, im Slalom zu laufen oder andere Kunststücke aufzuführen. Sie können sogar lernen, auf einem winzigen Kinderklavier zu »spielen«. Man legt dazu ein paar Körner auf die Tastatur, und wenn das Huhn danach pickt, klickert man. Wenn man das ein paar Wochen gemacht hat, gibt man die (bessere) Belohnung erst, wenn das Huhn auf die Tastatur gepickt hat: Pick! Garnele!

NEUE HÜHNER IN EINE NEUE GRUPPE EINFÜHREN

Es ist immer mit Stress verbunden, neue Hühner in eine bestehende Gruppe einzuführen. Erstens riskiert man, Keime und Krankheiten einzuschleppen, zweitens gerät mit jedem neuen Huhn die Rang- und Hackordnung durcheinander.

Jedes Mal, wenn man einer bestehenden Hühnerschar ein neues Huhn hinzufügt oder eines aus der Gruppe herausnimmt, verändert sich die Rangordnung. Sofern ein Huhn nicht alleine gehalten wurde und einsam war, freut es sich nämlich keineswegs grundsätzlich über neue Kumpane. Unterschiedliche Rassen handhaben es zwar recht unterschiedlich, wenn ihnen neue bzw. fremde Hühner vorgestellt werden, aber in den meisten Fällen geht es nicht ohne Prügel und manchmal sogar Blut vonstatten. Mit vernünftigem Management kann man die Vorstellung allerdings sehr vereinfachen.

NEUER HAHN

Wenn Sie einen zweiten Hahn in eine bestehende Gruppe setzen möchten, lassen Sie es am besten: Es kann durchaus passieren, dass die beiden Hähne so aufeinander losgehen, dass beide schwer verletzt werden oder sogar einer stirbt. Wenn Sie aus Zuchtgründen eine neue Blutlinie hinzufügen möchten, teilen Sie die Gruppe auf und überlassen Sie jedem Hahn je die Hälfte der Hennen – oder trennen Sie sich von Ihrem alten Hahn.

Ein sehr junger Hahn, der mit der vorhandenen Herde aufwächst, wird oft toleriert, aber fügen Sie Ihrer Gruppe keinen neuen Hahn zu, der älter als sechs Wochen ist.

NEUE HENNE

Auch wenn Sie Ihrer bestehenden Gruppe ein paar jüngere Hennen hinzufügen möchten, werfen Sie sie besser nicht einfach in die Herde und hoffen auf das Beste. Die sanfteste Einführung ist es, wenn Sie in Ihrem Hühnerstall ein zweites Gehege bauen und die Neuen dort hineinsetzen. Erstens sind sie dann von den alten Hühnern immerhin so weit getrennt, dass sie einander nicht anstecken können, falls sie irgendwelche Krankheiten haben. Außerdem bekommen die Hühner auf diese Weise alle Zeit, die sie brauchen, um sich durch das schützende Gitter kennenzulernen, einander zu beobachten und sich unflätig zu beschimpfen, wenn es sein muss, ohne dass sie sich dabei wirklich etwas antun können.

Nach drei oder vier Wochen – wenn Sie feststellen, dass die Hühner eigentlich keine Notiz mehr voneinander nehmen – machen Sie zur Hauptfreilaufzeit, wenn die meisten der alteingesessenen Hühner draußen unterwegs sind, das Zweitgehege auf und lassen die neuen Hühner unter Aufsicht zu den anderen. Sie können davon ausgehen, dass es zunächst etwas Prügel setzt. Mischen Sie sich aber nicht ein, solange kein Huhn wirklich verletzt wird und/oder blutet. Die Herde muss eine neue soziale Ordnung herstellen, und wenn jeder seinen neuen Platz hat, hören die Kämpfe auf. Sehr häufig wird der vorhandene Hahn die keifenden Damen trennen – meistens, weil er die neuen, jungen Hennen irre schick findet und sie umwerben will. Ganz abgesehen davon, dass ein guter Hahn keine Aufregung in seiner Hühnerschar duldet und die stänkernden Hühner meistens bestraft. Behalten Sie die Neuankömmlinge in den nächsten Tagen im Auge, um sicherzustellen, dass sie ausreichend an die Futter- und Wasserstellen gelassen werden.

Manchmal wird geraten, die Hühner mit irgendetwas zu besprühen, um sie zu verwirren und damit sie nicht mehr wissen, wer neu in der Gruppe ist und wer schon immer da ist. Machen Sie das nicht: Hühner sind nicht blöd und orientieren sich üblicherweise vor allem visuell. Will heißen: Hühner erkennen einander am Aussehen. Merkwürdige Sprayaktionen und verwirrende Gerüche machen den Hühnern nur noch mehr Stress.

MOBBING IN DER HERDE UNTERBINDEN

Man muss den Tatsachen ins Auge sehen: Hühner gehen mit Neulingen, schwächeren, verwundeten oder kranken Artgenossen häufig nicht gerade zimperlich um. Wenn ein Huhn eine Wunde hat, picken viele Hühner so lange an der Wunde herum, bis das verwundete Tier schwer verletzt ist. Manchmal töten sie es sogar. Das liegt nicht daran, dass Hühner böse, schlecht und gemein sind. So hat die Natur sie eben gemacht. Sie sind Allesfresser. Sobald ein Huhn eine Verletzung hat oder sich krank zeigt, sollte man es daher umgehend aus der Hühnerschar entfernen. Auch beengte Verhältnisse oder viel Stress durch häufiges Hinzufügen neuer Hühner in die Gruppe verursacht mehr Auseinandersetzungen, was häufig zu mehr Verletzungen führt.

Ich habe bereits auf Seite 47 f. über die straffe Rangordnung in der Hühnergruppe gesprochen: Hühner, die sich am unteren Ende der Hierarchie befinden, werden häufiger weggepickt als andere. Wann auch immer man Hühner aus der Gruppe nimmt oder neue hinzufügt, muss sich die Rangordnung neu etablieren und einige Hühner können im Zuge dessen verletzt werden.

Hühner achten bei anderen Hühnern sehr auf Farben und Muster und mobben meistens diejenigen, bei denen sich Farbe, Muster der Federn oder Federstruktur vom Großteil der Hühnerschar unterscheidet. Auch Hühner mit Hauben werden von anderen Rassen häufig angegriffen. Beobachten Sie Ihre Hühner genau und nehmen Sie die betroffenen Vögel aus der Gruppe.

Kannibalismus und Federpicken sind ein Zeichen für schlechte Hühnerhaltung. Normalerweise kommen solche »Symptome« bei Gartenhühnern nicht vor, solange die Hühner gut und artgerecht ernährt und nicht zu viele von ihnen in einem Stall zusammengepfercht werden. Normalerweise laufen Hühner den ganzen Tag draußen schwer beschäftigt herum und suchen nach Futter, haben also kaum Zeit, sich um ihre Kollegen zu kümmern. Außerdem haben sie ausreichend Platz, um schlecht gelaunten Hühnern, die höher in der Rangordnung stehen, aus dem Weg gehen zu können. Freil aufende Hühner – oder solche, die wenigstens ein paar Stunden frei herumlaufen dürfen – haben solche Probleme daher nur sehr selten.

Hühner in reiner Stallhaltung sollten ständig Zugang zu Futter haben und brauchen Beschäftigung (siehe auch ab Seite 228), wie zum Beispiel einen hoch aufgehängten Salatkorb, Futterbälle, aufgehängte Kohlköpfe oder Äpfel, an denen sie picken können, unterschiedlich hoch angebrachte Sitzstangen, Luzerne-Briketts zum Picken, Körnerfutter in der Einstreu zum Scharren, Gurken und Zucchini etc. Außerdem haben Studien gezeigt, dass Hühner, die (zu) wenig tierisches Protein oder Raufutter bekommen, eher zum Federpicken neigen, was wiederum zu Verletzungen und Kannibalismus führen kann. Auch andere Gründe können den Stress von Hühnern massiv verstärken: Häufiger Wechsel im Bestand (wenn zu oft neue Hühner dem Bestand zugeführt werden), sehr helles Licht in den Legenestern, viel Stress durch jagende Hunde, Katzen oder andere Raubtiere, Kinder, die die Hühner ständig anfassen, fangen oder hochheben wollen, oder sehr viel Krach in der Nachbarschaft (etwa Baustelle) kann Federpicken auslösen. Verwenden Sie Glühbirnen mit sanfterem Licht und reduzieren Sie den Stress, so weit Sie können. Wenn nur ein oder zwei Hühner sehr aggressiv zu sein scheinen, entfernen Sie sie auf der Gruppe und suchen Sie ihnen ein neues Zuhause.

Hühner sind normalerweise sehr sozial und halten sich gerne in der Nähe ihrer Familie auf (inklusive Katzen, Hunden und manchem Besuch). In der Gruppe ist es doch auch viel netter.

Kapitel 8

PLAGEGEISTER UND **FRESS-FEINDE**

Gefahr lauert im Kleinen und Großen: Parasiten und Ungeziefer können Hühnern auf Dauer genauso zusetzen wie ein Angriff durch einen Raubvogel oder ein anderes Raubtier.

WIE MAN DEN HÜHNER-STALL VON MITFRESSERN FREIHÄLT

Es ist so gut wie unmöglich, Hühner frei von Ungeziefer zu halten. Sie können den Stall noch so sauber halten: Die Plagegeister finden immer einen Weg. Gut zu wissen, was bei einem Befall hilft.

Parasiten leben von Blut oder Federn und leider ist es unmöglich, Hühner völlig frei von diesen teilweise lebensbedrohlichen Plagegeistern zu halten. Sie infizieren sich über Wildvögel, Nager oder Wildtiere, die nachts durch das Gehege oder den Garten streifen, beim Scharren auf dem Boden, über neu dazugesetzte Hühner oder sogar über unsere Schuhe, wenn wir den Stall betreten. Frei laufende Hühner haben meistens etwas weniger Ärger mit Milben oder Läusen. Allerdings halten sich Erstere bevorzugt im Hühnerstall auf – in den Sitzstangen, Ritzen der Holzwände oder Rissen im Putz – und machen sich nachts über die Hühner her.

VORBEUGEN

Grundsätzlich ist die wichtigste Prophylaxe, das Immunsystem der Hühner ständig zu stärken und Stall und Gehege immer wieder gründlich zu reinigen. Als vorbeugende Maßnahme ist es außerdem enorm wichtig, den Hühnerkot regelmäßig zu entfernen, indem man die Kotbretter und alle anderen Stellen, an denen Kot »gehäuft« auftritt, täglich reinigt. Spätestens alle zwei Tage sollte man die Streu im Stall umharken. Die Einstreu soll unbedingt trocken sein, da im feuchten Klima schnell eine Art Partyraum für Krankheitsherde entsteht.
Alle zwei Wochen sollte man den ganzen Stall möglichst vollständig ausräumen und mit biologischem Orangenreiniger gründlich aussprühen. Die Sitzstangen desinfiziert man am besten einmal im Monat. Auch das Außengehege der Hühner sollte man immer wieder gründlich durchhaken, die Außensitzstangen desinfizieren, das Staubbad mit Kieselgur und Holzasche mischen und die Außentränken und Futterstellen säubern. Genauso müssen alle Arbeitsgeräte (Schäufelchen, Harken, Eimer etc.) regelmäßig gesäubert und mit Seife oder Orangenreiniger ab- und ausgewaschen werden, damit sie keine Erreger übertragen.

ÄUSSERE PARASITEN

Die am weitest verbreiteten Hühnerschädlinge sind:

FEDERLINGE

Die 1–3 mm langen, flügellosen, sehr beweglichen Kerbtiere ernähren sich von Hautschuppen, Federteilen und Drüsenabsonderungen. Sie verursachen einen starken Juckreiz und zerfressen die Federn.
Behandlung mit Insektenpulver (Kieselgur – auch Kieselmehl, Siliciumdioxid, Novaculit, Tripolit, Diatomit oder Diatomeenerde genannt – ist eine weißliche, pulverförmige Substanz, die aus den Kieselsäureschalen fossiler Kieselalgen besteht. Auch Asche (Holzofen, Kamin) ist ein gutes und kostengünstiges Mittel gegen Parasiten.

ROTE VOGELMILBEN

Sie sind 0,6–1 mm lang, saugen nachts das Blut der Hühner, tagsüber sitzen sie unter den Sitzstangen, in Ritzen, Spalten und sonstigen dunklen Ecken des Stalls. Sie schwächen die Hühner durch den Blutentzug, die gesamte Hautfarbe kann erblassen (v. a. der Kamm), die Legeleistung lässt stark nach. Im Stall entsteht extreme Unruhe wegen des Juckreizes, die Hühner reißen sich teilweise vor lauter Jucken die Federn aus. Küken können durch die Rote Vogelmilbe vollständig ausgesogen werden und sterben.
Die Rote Vogelmilbe kann bis zu 18 Monate ohne Nahrung überleben und die Milbeneier sind zudem extrem kälteresistent (bis –20 °C). Allerdings reagieren die Schädlinge sehr empfindlich gegenüber Austrocknung, weshalb Kieselerde sehr gut funktioniert. Neben der Behandlung mit Insektenpulver am Huhn (siehe oben) kommt man um eine komplette Umgebungsbehandlung mit Kieselerdeprodukten (etwa MilbiSec®) nicht herum.
Kieselerde besitzt eine stark dehydrierende Wirkung auf die Rote Vogelmilbe und andere kriechende Schädlinge. Sie kann trocken und flüssig angewendet werden (durch die flüssige

1 Federlinge ernähren sich von Federmaterial und verursachen starken Juckreiz. **2** Flöhe saugen Blut, ihre Stiche jucken ebenfalls stark.

Anwendung wird Staubentwicklung vermieden und die Haftung verbessert). Wenn die Milbe auf dem Weg zum Huhn über den Milbisec®-Belag kriecht, trocknet sie aus. Kieselerde ist auch sehr wirksam bei Flohbefall.
Seit einigen Jahren gibt es ein weiteres sehr wirksames Mittel zur Milbenbekämpfung, das allerdings vom Tierarzt verschrieben werden muss: Exzolt. Es wird den Hühnern als Lösung über das Trinkwasser verabreicht – und zwar zweimal im Abstand von sieben Tagen. Dadurch baut sich im Blut der Hühner ein Wirkspiegel auf, der ca. 15 Tage lang sehr schnell alle Milben abtötet, die Kontakt zu den Hühnern bekommen (also alle, die nachts Blut saugen). Die Eier kann man während der Behandlung bedenkenlos essen, nur falls man schlachten wollte, müsste man damit 14 Tage warten. Wer einmal während eines heißen, feuchten Sommers ein richtiges Milbeninferno erlebt hat, während dem sich die armen Hühner halb in den Wahnsinn gekratzt haben, wird den etwas höheren Preis gerne bezahlen.

FLÖHE

Flöhe saugen im erwachsenen Stadium ebenfalls Blut, verursachen starken Juckreiz und sichtbare Stiche. Außerdem übertragen sie sehr stark Bandwürmer. Ihre Eier finden sich in der Einstreu sowie im Kot von Mäusen und der Hühner selbst. Die Behandlung erfolgt mit Insektenpulver (siehe oben) und einer kompletten Stalldesinfektion.

KRÄUTER FÜR DEN HÜHNERSTALL

Wie bereits auf den Seiten 129 ff. erwähnt, verwende ich viele Kräuter in meinen Hühnerställen – sowohl kleine Sträuße als auch einzelne Blätter. Kleine Sträuße aus Kamille, Lavendel und Pfefferminz in den Ecken aufgehängt vertreiben viele Spinnen und auch Mäuse sind nicht begeistert von den starken ätherischen Ölen dieser Kräuter.
Die wirkungsvollsten Kräuter zur Insektenabwehr – als kleine Sträuße in den Ecken des Stalls aufgehängt – sind: Basilikum, Lorbeer-

blätter, Katzenminze, Lavendel, Zitronenmelisse, Zitronengras, Zitronenverbene, Ringelblume, Pfefferminze, Rosmarin, Thymian.
Ich verwende überhaupt sehr gerne Kräuter im Hühnerstall und streue zum Beispiel Rosenblätter in die Legenester – nicht, um eine romantische Stimmung zu erzeugen, sondern weil Hennen Rosenblätter gerne fressen. Gerade brütige Hennen, die ihr Nest nur ungern und ganz kurz verlassen, sind froh, wenn man ihnen ab und zu kleine Snacks in die Legenester streut. Dazu eignen sich außer Rosen auch Basilikumblätter, Lavendelblüten, Kamille und getrockneter Sonnenhut, kleine Rosmarinzweige und (Katzen-)Minzeblätter.

Vor allem im Winter, wenn es draußen kaum frisches Grün zu finden gibt, stelle ich meinen Hühnern zweimal in der Woche Kräutertöpfe mit frischer Petersilie, Basilikum, Oregano und/oder Thymian in den Stall oder in das Gehege, die heiß begehrt und nach ungefähr vier Minuten komplett aufgefressen sind.
Man kann diese Kräuter auf der Fensterbank gut selbst ziehen, bekommt sie aber auch das ganze Jahr über im Supermarkt. Sie scheinen den Hühnern nicht nur sehr gut zu schmecken, sondern sich auch äußerst positiv auf ihr Immunsystem auszuwirken. Meine Hühner haben jedenfalls auch im tiefsten Winter keinerlei Erkältungen.

Spinatblätter als Hühnerfrühstück sind gerade im Winter, wenn im Freilauf nichts Grünes wächst, ein guter Lieferant für frische Vitamine, Mineralstoffe und Spurenelemente.

FRESSFEINDE BEKÄMPFEN

Man versucht, was man kann, um seinen Hühnern ein möglichst schönes Leben zu ermöglichen, aber Unfälle passieren leider. Hühner haben viele Feinde, vor denen sie sich selbst nur sehr schlecht schützen können.

Hühner sind fast völlig davon abhängig, dass wir ihnen Schutz bieten, vor allem, wenn wir ihnen gleichzeitig Freilauf bieten. Viel mehr Möglichkeiten, als sich irgendwie unter etwas zu verstecken oder panisch irgendwo hochzuflattern, haben sie leider nicht. Hähne haben es mit ihren scharfen Schnäbeln und den starken Beinen mit Sporen und langen Krallen ein bisschen leichter. Hühnerhalter müssen daher vorausschauend, also proaktiv handeln, um ihre Hühnerschar zu beschützen.

Hühnerfeinde nutzen jeden Schwachpunkt, der sich ihnen bietet, und jede günstige Situation. Auch in Städten und Vororten gibt es

Füchse, Ratten, Raubvögel, auch wenn man sie vielleicht weniger zu sehen bekommt als auf dem Land. Und Nachbarhunde und -katzen gibt es sowieso. Viele der kleinen oder größeren Hühnerfeinde sind nachtaktiv, was bedeutet, dass sie mindestens sechs Stunden Zeit haben, um, während Sie schlafen, ganz ungestört Lücken oder Löcher zu finden und Ihren Hühnern an den Kragen zu gehen.

GESCHÜTZTER AUSLAUF

Wenn man in einem Feindes-Eldorado lebt, macht es unter Umständen Sinn, den Hühnern einfach keinen unbeaufsichtigten Freilauf zu gewähren. Stattdessen sollte man ihnen eine ausreichend große Voliere bauen und sie nur dann frei herumlaufen lassen, wenn man selbst zu Hause ist und im Garten durch einen selbst, Kinder oder Hunde genügend Unruhe herrscht, um potenzielle Feinde zu vertreiben. Aber Achtung: Wenn Sie den Hund von Freunden »babysitten«, sollte dieser an einer langen Leine im Garten laufen, bis Sie sich wirklich 100-prozentig sicher sein können, dass er die Hühner in Ruhe lässt.

Wenn Sie in den Ferien oder auf Geschäftsreise sind, ist es wahrscheinlich eine gute Idee, die Hühner während dieser Zeit in ihrer Voliere und nicht frei im Garten herumlaufen zu lassen: Der Hühnersitter kennt sich mit Ihrem Garten und den Gewohnheiten Ihrer Hühner wahrscheinlich nicht so gut aus und ist vermutlich auch weniger im Garten zugegen, als Sie selbst es sind. Die Gefahren verringern sich gewaltig, wenn die Hühner während Ihrer Abwesenheit in ihrer sicheren Voliere bleiben.

REGELN IN DER DÄMMERUNG

Die gefährlichste Tageszeit für frei laufende Hühner ist die Dämmerung, denn dann ist für viele Fressfeinde die Hauptjagdzeit. Und wenn die Räuber erst einmal verstanden haben, dass es in ihrem Revier lauter lebende Hauptmahlzeiten gibt, haben sie Ihren Garten im Visier. Normalerweise kehren Hühner kurz vor Einbruch der Dunkelheit ganz von selbst in ihren Stall zurück. Sobald sie eingeschlafen sind, befinden sie sich in einem tranceähnlichen Zustand und sind leichte Beute.

Am besten schließt man die Hühnerklappe rechtzeitig, bevor es dunkel ist. Wenn Sie abends immer zu Hause sind (etwa weil Ihre Kinder auch mit den Hühnern schlafen gehen), ist das kein Problem. Wenn Sie allerdings häufig gerade um diese Zeit nicht da sind, kann Ihnen eine automatische Hühnerklappe aus dem Fachhandel viele Probleme ersparen. Sie gewöhnen die Hühner daran, um eine bestimmte Uhrzeit in den Stall zu gehen, indem Sie ihnen um eine bestimmte Uhrzeit ein beliebtes Futter bringen (etwa das Krümelfutter von Seite 175) und dann den Stall schließen. Auf jeden Fall sollten Sie beim Nachhausekommen noch einmal alle Hühner durchzählen, um sicherzustellen, dass keines den Anschluss verpasst hat und ausgesperrt wurde.

Eine weitere Möglichkeit ist es, eine Lampe mit Bewegungsmelder am Hühnerstall zu installieren, die automatisch aufleuchtet, sobald ein Tier in der Umgebung auftaucht. Hühnervertilgende Raubtiere reagieren üblicherweise auf den Überraschungseffekt, also kann ein plötzliches helles Licht sie zur Flucht bewegen.

Kapitel 9

DURCHS HÜHNER-JAHR

Je nach Jahreszeit haben Hühner unterschiedliche Ansprüche. Im Sommer brauchen sie vor allem Hitzeschutz und Elektrolyte, im Winter Schutz vor Kälte, Zug und Nässe. Und im Herbst während der Mauser spezielles Futter.

SOMMER – SCHÖN, ABER OHO

Obwohl Hühner ursprünglich aus tropischen Gefilden stammen, kommen viele von ihnen mit extremer Hitze (über 27 °C) nicht sehr gut zurecht. Der Sommer kann also eine ganz schöne Herausforderung für sie werden.

Am wohlsten fühlen sich Hühner bei Temperaturen zwischen 12 und 25 °C. Im Laufe des Sommers gewöhnen sie sich an die steigenden Temperaturen, aber abrupte Hitzewellen machen ihnen schwer zu schaffen und enden bei empfindlicheren Hühnerrassen nicht selten mit dem Tod.

HITZESCHOCK

Hühner haben keine Schweißdrüsen und können sich bei Hitze nur über ihre Kämme und Kehllappen und ihre Atemwege Erleichterung verschaffen. Darum fließt bei Hitze sehr viel Blut in Kämme und Kehllappen, die dadurch sehr prall und rot wirken (Rassen mit großen Kämmen scheinen die Hitze deutlich besser zu verkraften als jene mit kleineren Kämmen). Sie hecheln mit offenem Schnabel, während sie ihre Flügel vom Körper weghalten, um die Belüftung ihrer Haut zu fördern.

Bei den extremen Hitzewellen, die wir in den letzten Jahren erlebt haben, musste man als Hühnerhalter wirklich alles tun, um seine Tiere zu entlasten. Stress ist bei Hitze ein absolutes No-Go. Er kann die Tiere das Leben kosten (also bei hohen Temperaturen keine kleinen Kinder, die die Hühner jagen und auf den Schoß nehmen wollen, und die Hühner auch unbedingt vor frechen Hunden schützen).

Sorgen Sie dafür, dass die Hühner bei Hitze viel Schatten zur Verfügung haben. Stellen Sie flache Wannen mit kaltem Wasser (und Eiswürfeln!) auf, auch wenn die Hühner meistens erst lernen müssen, dass es ihnen Erleichterung verschafft, es zu trinken oder darin zu baden. Hühner trinken bis zur vierfachen Menge, wenn es heiß ist, weil ihre Körper sehr viel Wasser für die Eiproduktion benötigen. Wenn es zu heiß oder zu wenig Wasser vorhanden ist, wirkt sich das meistens auf die Legeleistung aus, häufig gibt es deutlich weniger Eier mit dünneren Schalen.

SCHNELLE HILFE: ELEKTROLYTE

Bei anhaltend starker Hitze ist es hilfreich, den Hühnern Elektrolyte ins Trinkwasser zu mischen. Sie können diese in der Apotheke kaufen, sie mit wenigen Zutaten aus der Küche aber genauso leicht selbst machen und den Hühnern möglichst gekühlt anbieten.

Für selbst gemachte Elektrolyte brauchen Sie:

- *½ l Bio-Apfelsaft oder kalten Pfefferminztee*
- *1 g Salz*
- *2 TL Zucker oder Traubenzucker*

Vermischen Sie alle drei Zutaten mit ½ l Wasser und bieten Sie dieses dann statt »normalem« Trinkwasser oder in einer Extratränke daneben an. Werfen Sie am besten auch noch ein paar Eiswürfel in die Tränke, die halten das Wasser länger kühl.

An heißen Tagen kann man – gerade große, schwere Hühnerrassen – mit einem kalten Fußbad mit Eiswürfeln darin sehr unterstützen.

Bei der Fütterung stelle ich bei warmen Temperaturen zudem Gemüse- und Obstsorten zur Verfügung, die als »natürliche« Elektrolyte fungieren, wie zum Beispiel gekühlte halbierte Gurke, Wasser- oder Honigmelone, halbierte weiße Trauben, Erdbeeren, Blaubeeren und längs aufgeschnittene Bananen (die enthalten viel Kalium). Ganz geschält oder in Scheiben fressen meine absurden Hühner Bananen komischerweise nicht, eben nur hälftig aufgeschnitten.

Erste Hilfe bei Hitzeschock

Liegt eine Henne hechelnd, mit ausgebreiteten Flügeln und geschlossenen Augen sehr flach auf der Erde und sind ihr Kamm und ihre Kehllappen blass, sind dies klassische Zeichen für einen Hitzestau.
Bringen Sie das Huhn sofort ins Kühle. Setzen Sie es in eine flache Schüssel mit kaltem Wasser, damit es Füße und Bauch abkühlen kann, und kühlen Sie Kamm und Kehllappen mit einem kalten Lappen. Geben Sie dem Huhn mit einer Spritze in Wasser gelöste Elektrolyte in den Schnabel. Wenn Sie die Mischung nicht zur Hand haben, können Sie sich auch mit Obstsaft behelfen.

STALL IM SCHATTEN

Holzställe heizen sich in der Sonne schnell auf, brauchen aber leider lange, um wieder abzukühlen. Deshalb macht es Sinn, schon beim Aufstellen des Stalls darauf zu achten, dass er möglichst unter einem Baum steht.
Lassen Sie Ihre Hühner trotzdem auch bei Spitzentemperaturen nicht nachts im Gehege, es sei denn, es ist besser gesichert als ein Hochsicherheitsgefängnis. Öffnen Sie stattdessen alle (mit Hühnerdraht gesicherten) Fenster und sorgen Sie dafür, dass sich die Luft gut verteilt. Wenn Sie derweil im Garten aufpassen können, öffnen Sie die Tür in der Dämmerung, damit mehr kühlere Luft in den Stall gelangt (aber nicht auch noch irgendein Räuber, der die Gunst der blauen Stunde nutzt).
Versuchen Sie, Ihre Hühner mit speziellen Sommerbelohnungen herunterzukühlen: halbierte Trauben oder Melonenstücke, gefrorene Erd- oder Blaubeeren, Bananen, Maiskörner oder Erbsen. Ebenso kann man Eiswürfelbehälter mit Beeren, Apfelstückchen, Minze-, Basilikum- oder Zitronenmelisseblättern plus Wasser füllen, einfrieren und die Eiswürfel später in eine flache Schüssel füllen. Meine Hühner lieben es, daran zu picken.
Ein phänomenales Mittel ist auch Pfefferminztee, der die Körpertemperatur senken kann. Dementsprechend stelle ich an heißen Tagen ganze Gallonen davon her, die ich im Kühlschrank abkühlen lasse und dann einfach in die Wasserbehälter fülle.
Bei sehr großer Hitze lege ich mit Wasser gefüllte, gefrorene PET-Flaschen in alle Legenester, was den Hühnern beim Legen sehr zugute kommt und hilft, den Stall insgesamt herunterzukühlen, wenn auch nur minimal.

Wassermelone aus dem Kühlschrank hat hervorragende elektrolytische Eigenschaften und wird als rotes Lebensmittel von Hühnern sowieso sehr gerne angenommen. So können Sie Ihre Hühner mit zusätzlichem Wasser und Zucker versorgen.

FEDERWECHSEL IM **HERBST**

Wenn die Hitze des Sommers endlich vorüber ist, signalisieren die kürzer werdenden Tage unseren Hühnern, dass es an der Zeit ist, die alten, angeknacksten, schmutzigen Federn abzuwerfen und neue wachsen zu lassen.

Die Mauser ist die Phase, in der die Hühner und Hähne innerhalb von vier bis acht Wochen nach und nach ihre Federn vollständig austauschen. Der ganze Stall liegt dann voller alter Federn, während die neuen nachwachsen.

Auch wenn die Hühner buchstäblich gerupft aussehen, sind sie nicht krank und benehmen sich auch ganz normal, fressen, trinken und scharren herum (wenn das nicht so ist, dann ist etwas anderes nicht in Ordnung). Allerdings legen Hühner in dieser Phase keine Eier, sondern erlauben ihrem Reproduktionssystem eine Pause – zumal sie ihre ganze Energie für die Bildung von neuem Gefieder brauchen.

Die Mauser ist – wie das Eierlegen – wirklich physiologische Schwerstarbeit, denn währenddessen müssen 15 bis 30 Prozent des gesamten Stickstoffs im Huhn »ausgetauscht« werden. Und weil Stickstoff ein Hauptbestandteil von Aminosäuren ist, den kleinsten Eiweißbausteinen, und Federn wiederum zu 94 Prozent aus Eiweiß bestehen, bleibt dem Huhn gar nichts mehr zum Eierlegen übrig.
Hühner kommen üblicherweise zum ersten Mal im Alter von etwa einem Jahr in die Mauser – meistens im Herbst, wenn die Tage kürzer werden. Die Mauser kann aber auch durch zu wenig Futter ausgelöst werden, was man häufig bei ausgesetzten Hühnern oder solchen aus schlechter Haltung feststellen kann.
Normalerweise verlieren die Hühner zuerst die Federn an den Flügeln und am Kopf, von dort weitet sich die Mauser über den Rücken aus. Auch wenn sie während dieser Zeit ziemlich abgerockt aussehen – ihre Kehllappen schrumpfen und verblassen, der Stoffwechsel wird schwer beansprucht –, sollten Hühner keine gänzlich kahlen Stellen aufweisen. Sie werden vielmehr eine große Anzahl noch fest verschlossener und stachelig wirkender neuer Federn entdecken: Aus diesen »Stacheln« werden sehr bald glänzende Federn. Häufig verändert sich auch die Farbe oder die Struktur des Musters nach der Mauser. Interessanterweise sind übrigens Hennen, die besonders lange für die Mauser brauchen, auch während der übrigen Zeit nicht die besten Legerinnen.
Der kleine Hühnerkörper wird während der Mauser schwer beansprucht, da zur Erneuerung des Gefieders viel Energie und Eiweiß notwendig sind. Federn bestehen zu 80 bis 90 Prozent aus Protein, zu acht Prozent aus Wasser und zu einem Prozent aus wasserlöslichen Fetten. Daher brauchen Hühner während der Mauser Nahrung mit höherem Proteingehalt.
Manche Leute füttern ein Mastfutter mit höherem Eiweißgehalt. Sie können das Futter aber auch selbst pimpen, etwa mit Insektenmischungen (aus dem Aquariumhandel), getrockneten Mehlwürmern, Rührei, schwarzen Sonnenblumenkernen, rohem oder gebratenem Hackfleisch, hochwertigem Hundefutter, Erbsen, grünen Bohnen, Lebertran oder Dosenthunfisch. Als Kräuter eignen sich Dill, klein geschnittene Knoblauchzehen, Petersilie, Minze, Fenchelgrün, Dill und Anissamen.

MAUSER-MUFFINS

Ich backe für meine Hühner ab und zu Proteinmuffins, die sie gerade während der Mauser mit den so notwendigen Extraproteinen versorgen. Das brauchen Sie dafür:

- *60 g Haferflocken*
- *60 g Sonnenblumenkerne (mit oder ohne Schale)*
- *50 g getrocknete Mehlwürmer*
- *30 g Weizenkeime*
- *2 EL Chia-Samen*
- *2 EL geschroteter Leinsamen*
- *50 g flüssiges Kokosöl*
- *1 EL Zuckerrüben- oder Tapiokasirup*
- *100 g ungesüßtes, ungesalzenes Mandelmus oder Erdnussbutter*

Alle Zutaten in einer Schüssel gut miteinander verrühren und in gefettete Muffinförmchen füllen – zwei Drittel der Füllhöhe reichen aus. Bei 160° (Umluft) ca. 20 Min. im Ofen backen. Nach dem Abkühlen können Sie ein paar der Muffins direkt verfüttern. Die anderen halten sich in einer Dose luftdicht verschlossen ein paar Tage.

HÜHNER
IM WINTER

Die meisten Hühnerrassen kommen mit Kälte besser zurecht als mit Hitze, obwohl sie – anders als beispielsweise Gänse – keine »Unterdaunen« besitzen. Sie plustern sich einfach auf, um warme Luft nah an der Haut zu behalten und sich vor der Kälte zu schützen.

Das heißt aber nicht, dass sie nicht froh sind, wenn man sie ein bisschen unterstützt, etwa indem man bei extremer Kälte Kämme und Kehllappen mit Vaseline einreibt. Das ist allerdings leichter gesagt als getan: Die meisten Hühner hassen es wie die Pest – genauso wie wenn man ihre »Extremitäten« mit Kokosfett oder Pfotenbalsam (für Hunde) einschmiert – und geben sich sofort im Anschluss größte Mühe, Kopf und Hals empört irgendwo abzuwischen. Mit dem Effekt, dass sie ziemlich fettig und schmutzig und wie unausgeschlafene Mitglieder einer Punkband aussehen. Praktischer ist es, sich in kalten Regionen Hühner

anzuschaffen, die von Natur aus kälteresistenter sind als manche andere Rassen.
Hühner mit mehr Körpermasse und kleineren Kämmen sind üblicherweise weniger kälteempfindlich als kleine Rassen mit großen Kämmen oder gestruppte Hühner, deren »abnorm« gestruppte Federn extrem kälte- und winddurchlässig sind. Ausgesprochen winterfeste Rassen sind beispielsweise Araucanas, Ameraucanas, Australorps, Barnevelder, Brahmas, Cochins, Orpingtons, Sussexes, Welsumer und Wyandotten.

DER WINTERLICHE STALL

Es ist unnötig und auch gar nicht ratsam, den Hühnerstall zu heizen, denn die Hühner würden sich dann im Freien erkälten. Das Wichtigste ist, dass der Stall trocken ist und es darin nicht zieht. Gleichzeitig ist es wichtig, dass die Luftzirkulation oberhalb der Stangen und Legenester gut funktioniert, damit sich keine Kondensfeuchtigkeit bildet. Frostbeulen an Kamm und Kehllappen bildet sich interessanterweise nicht etwa tagsüber in der Kälte, sondern meistens nachts in einem feuchten Stall. Die Sitzstangen sollten aus Holz gefertigt und breit genug sein, dass die Füße der Hühner beim Schlafen flach und völlig vom Körper bedeckt sind, um Frostbeulen an den Zehen zu verhindern.
Holzställe sind häufig etwas zugig, wenn die Latten nebeneinander und nicht leicht überlappend verarbeitet wurden. Es hilft dann, die Wände mit kleinen Strohballen zu säumen, die den Hühnern außerdem als zusätzliche Sitzgelegenheit dienen und im Frühjahr einfach geöffnet und als Einstreu oder im matschigen Auslauf eingesetzt werden können.
Im Winter kann man sich etwas mehr Zeit lassen mit dem Ausmisten, der Kot ist sowieso meistens gefroren und stinkt daher nicht. Ich säubere die Sitzstangen und nehme oberflächlichen Kot aus dem Stall, harke das meiste aber einfach um und streue eine neue Lage sauberer Einstreu darüber. So kann der Hühnerkot im Winter im Stall kompostieren und erzeugt dabei sogar eine gewisse Wärme, während ich den fast fertigen Kompost im Frühjahr im Garten verteilen kann.

Hühner fürchten sich meistens jedes Jahr aufs Neue wieder vor dem gruseligen weißen Zeug, das im Winter plötzlich auf dem Boden liegt.

Auch Hühner brauchen im Winter besondere Nährstoffe für ihr Immunsystem: Hier eine Frühstücksbowl aus braunem Reis, Rucola, Granatapfel, Mais und Rapsöl.

BELEUCHTUNG IM WINTER?

Die meisten Hühner hören im Winter auf zu legen, denn ihr Organismus ist nicht darauf eingestellt, länger als zwölf Stunden im Dunkeln zu leben. Andererseits ist der Stoffwechsel von Hühnern so schnell, dass schon zwei Stunden nach der Nahrungsaufnahme wieder die ersten Futterreste im Kot zu finden sind. Erst nach neun Stunden erreichen die aufgenommenen Eiweiße dagegen das Gefieder – schneller geht es einfach nicht. Das liegt auch daran, dass der Kropf unserer Hühner nicht sehr viel Fassungsvermögen hat, weshalb sie auf ständigen Nachschub angewiesen sind, um den Stoffwechsel am Laufen zu halten. Das bedeutet nicht, dass Hühner sofort verhungern, wenn sie länger als neun Stunden nichts zu fressen haben. Es bedeutet aber, dass man dafür sorgen muss, dass sie in der Zeit, in der sie wach sind, möglichst viel fressen können.

Ich habe drei Hühnerställe, von denen nur einer elektrifiziert ist. In dem Stall mit elektrischem Licht leben meine Seidenhühner, die gute Winterleger sind, weshalb ich das Licht von morgens um sieben bis abends um sieben anlasse – obwohl ich feststelle, dass sie nach 18 Uhr doch eigentlich alle auf ihren Stangen schlafen und keine Nahrung mehr aufnehmen.

Die anderen beiden Ställe – einer mit einem kleinen Paduaner-Hahn und drei winzigen Antwerpener-Bartzwerge-Damen, der andere mit Orpingtons, zwei Araucanas und einem weiteren Seidenhuhn-Paar – sind nur so lange hell, wie es draußen Licht gibt. Diese Hühner legen in den »richtigen« Wintermonaten alle keine Eier, wobei die Orpingtons und Araucanas im Januar wieder damit anfangen. Sie sind dann aber auch wirklich die allerletzten, die abends in den Stall gehen, so als wollten sie jede Minute Licht auskosten.

Es gibt auch Rassen, die echte »Winterleger« sind, wie Rheinländer, Welsumer, Plymouth Rock, Lachshühner oder Sundheimer (siehe auch Seite 27).

GEFRORENES WASSER

Man muss sich im Winter mitunter wirklich wundern, wie unglaublich viel Wasser so ein paar Hühner verbrauchen. Das liegt daran, dass sie im Winter mehr fressen müssen, um ihren Stoffwechsel aufrechtzuerhalten. Und deswegen brauchen sie auch dementsprechend mehr Wasser, um das Futter gut verwerten zu können.

Obwohl ich bei »normalen« Temperaturen gegen Wasser im Stall bin, weil es meistens nasse Einstreu unter der Tränke verursacht, die dann durch Scharren im Stall verteilt wird, hänge ich bei Minusgraden die Tränken dann doch in den Stall. Hühner laufen bei Schnee nicht gerne draußen herum, halten sich also viel mehr im Stall auf, der dadurch wärmer ist als das Gehege – das Wasser friert also weniger schnell. Trotzdem überprüfe ich das Trinkwasser der Hühner im Laufe des Tages immer wieder und tausche die gefrorenen Tränken im Zweifelsfall gegen im warmen Haus bereitstehende gefüllte Tränken aus (es lohnt sich also, mehrere davon zu haben).

In dem gemauerten Stall haben meine Seidenhühner den Luxus eines Tränkenwärmers mit verstellbaren Halterungen, auf dem das Wasser gerade so erwärmt wird, dass es zwar kalt ist, aber nicht einfriert.

DAS WINTERFUTTER

Der Stoffwechsel von Hühnern läuft bei hohen Minusgraden unverdrossen weiter auf Hochtouren. Das bedeutet, dass der Hühnerkörper im Winter sehr viel Energie benötigt, denn die interne Heizleistung muss über die Futterverwertung kompensiert werden. Weil die Hühner keine Insekten oder Gräser mehr finden können, muss der Hühnerhalter für hochwertiges Futter sorgen. Es reicht allerdings nicht, den Hühnern einfach mehr Futter zu geben. Es müssen mehr fetthaltige Komponenten im Futter enthalten sein, wie Sonnenblumenkerne, Haferflocken, Rosinen, Hanf, Walnüsse, Lein- oder Kokosöl, dazu Oregano und geraspelte Möhren.

Ich hänge meinen Hühnern auch noch sogenannte Energieblöcke für Wildvögel in den Stall, die man fertig kaufen oder auch eierleicht selbst machen kann (siehe Kasten). Bei gekauften Fettblöcken für Vögel weiß man nämlich manchmal nicht, was in dem Fett enthalten ist. Ich wundere mich zum Beispiel, dass meine Meisen manche Meisenknödel partout nicht annehmen wollen, und fürchte, dass es an den minderwertigen Ölen und Fetten liegen könnte, die zuweilen dafür verwendet werden. Die Energieblöcke sorgen außerdem für etwas mehr Beschäftigung im Stall, nachdem die Hühner jetzt keine Käfer, Gräser und Insekten mehr finden.

SELBST GEMACHTER ENERGIEBLOCK

Sie brauchen:

- *ungesalzene gemischte Nüsse (z. B. Erdnüsse, Haselnüsse, Walnüsse, Cashewkerne, Mandeln, Pinienkerne)*
- *Rosinen*
- *Sonnenblumenkerne*
- *Kürbiskerne*
- *Leinsamen*
- *Hirsekörner*
- *Maiskörner*
- *Kokosöl oder Palmin (die Fleischesser unter Ihnen können auch das übrig gebliebene Fett vom Sonntagsbraten oder vom Steak nehmen, das sonst weggeworfen werden würde)*
- *Alfalfa-Sprossen*
- *hart gekochte gehackte Eier*
- *getrocknete Cranberrys oder Kirschen*
- *getrocknete Apfelstücke*

Außerdem:

- *1 eckige, gefrierfeste Aufbewahrungsdose in der Größe Ihres Energieblock-Halters*

Die Nüsse hacken und in die Auflaufform geben. Rosinen darüberbröseln, dazu die anderen Kerne und Körner, die Sie vorbereitet haben, anschließend den Mais. Kokosöl bzw. Palmin oder Fleischfett schmelzen und vorsichtig über die Mischung geben (wenn noch Fleischreste in dem Bratenfett sind, ist das überhaupt kein Problem, im Gegenteil: Die Hühner freuen sich). Anschließend die Form in das Gefrierfach stellen.

Wenn der Winter gekommen ist, nehmen Sie die Energieblöcke nach Bedarf aus dem Gefrierfach, lockern die Ränder mit einem Messer und drehen die Form um, sodass der Energieblock einfach herausfällt. Anschließend stecken Sie ihn in einen Energieblock-Halter für Wildvögel und hängen ihn im Stall oder im Gehege auf: Auf diese Weise haben die Hühner mit dem schwingenden Futter etwas zu tun und es kann außerdem nicht im Matsch landen.

Hühner brauchen bei Kälte wie alle Vögel
mehr Energie und Fette im Futter, durch
Sonnenblumenkerne, Haferflocken, Rosi-
nen, Hanf, Walnusskerne, Lein- oder
Kokosöl und geraspelte Möhren.

Kapitel 10

MÜTTER IN SPE – GLUCKEN

Nicht jedes Huhn, das Eier legt, ist eine Glucke. So bezeichnet man eine Henne erst, wenn sie auf ihren Eiern sitzen bleibt und brütet bzw. später Küken im Schlepptau hat.

BRÜTENDE HENNEN

Gluckende oder »brütige« Hennen bleiben üblicherweise felsenfest im Nest sitzen und verlassen es entweder gar nicht mehr oder nur noch kurz, um schnell ein bisschen zu fressen und zu trinken.

Ein anderes Kennzeichen für die Brutwilligkeit: Glucken sind am Bauch häufig kahl, denn sie reißen sich die Federn aus, damit die Eier weicher liegen und weil sie an der nackten Haut noch besser gewärmt und etwas feuchter gehalten werden können. Der Kamm einer Glucke ist anfangs noch leuchtend rot, wird aber im Laufe der Wochen immer blasser. Brütige Hennen sind aber nicht krank! Sie möchten nur auf ihren Eiern sitzen bleiben, um sie auszubrüten. Der Bruttrieb hält normalerweise ca. drei Wochen an, kann allerdings bei sehr hartnäckigen Hennen auch länger dauern, wenn man ihnen die Eier regelmäßig wegnimmt oder aus unbefruchteten Eiern keine Küken schlüpfen. Der Brutinstinkt wird nämlich üblicherweise erst dann unterbrochen, wenn es in den Eiern zu piepsen beginnt. Empfängt die Henne diese Signale nicht – eben weil die Eier unbefruchtet sind oder ihr regelmäßig weggenommen werden –, kann es zu lange dauern, bis sie wieder mit den anderen Hühnern herumrennt, nach Futter und Käfern sucht, Sandbäder nimmt und sich auch sonst »normal« benimmt. Sie wird dann womöglich schwächer und schwächer und läuft gewissermaßen nur noch auf Reserve.

HENNEN »ENTGLUCKEN«

Wenn man es mit einer Henne zu tun hat, die während der Brutzeit deutlich zu wenig oder gar nicht frisst und sich Ihnen oder anderen Hennen gegenüber sogar aggressiv verhält, kann es besser sein, das Glucken zu beenden. Bei den meisten Hennen reicht es, wenn man sie dafür ein- bis zweimal täglich vorsichtig aufhebt und außerhalb des Nestes zum Füttern und Tränken absetzt, während man die abgelegten Eier entfernt. Ganz hartnäckige Damen sollte man zusammen mit einem Hahn oder zwei, drei anderen Hennen in einen separaten Raum ohne Legenest unterbringen. Üblicherweise ist es dann nach ein paar Tagen mit dem Glucken vorbei.

Eine andere Möglichkeit ist es, das gesamte Nestmaterial aus den Legenestern herauszunehmen und stattdessen eine PET-Flasche mit gefrorenem Wasser hineinzulegen. Damit werden Brustbein und Kloake gekühlt, was das Brutbedürfnis unterbrechen kann. Bei gutem Wetter ist es eine weitere Möglichkeit, die Hennen, sobald alle ihre Tagesration an Eiern gelegt haben, bei geschlossener Tür aus dem Stall auszusperren.

BRÜTENDE HENNEN VERSORGEN

Wenn man einer Henne das Brüten erlaubt, muss man dafür sorgen, dass sie sich nicht zu weit von ihrem Nest entfernen muss, um zu fressen oder Wasser zu trinken. Ich habe in meinem Stall ein »Extraabteil«, in dem die brütenden Hennen Futter und Wasser direkt vor der Nase in ihrem Legenest haben. Dieses Abteil kann ich nach dem Schlupf bei Bedarf auch schließen, um Hennen und Küken etwas von den anderen Hühnern abzusondern. Die würden sich sonst nämlich begeistert auf das Kükenfutter stürzen und den Kleinen nichts mehr übrig lassen. Gleichzeitig können alle Hühner und Küken einander durch den Draht sehen, damit es später keine »Eingewöhnungsschwierigkeiten« gibt.

Die brütende Henne sollte zudem vorbeugend gegen Milben und Läuse behandelt werden, denn im Gegensatz zu erwachsenen Hühnern, die mit diesen Plagegeistern ganz gut zurechtkommen, können sie Küken schnell das Leben kosten.

Behalten Sie die Übersicht über die Eier. Manche Hennen legen sich geradezu in Rage. Meine Seidenhühner sind, wenn sie zu mehreren brüten, kaum noch zu bremsen und legen bis zu 25 Eiern, die sie dann aber gar nicht alle gleichmäßig bebrüten können, sodass man die Eier immer neben der Henne findet. Oder sie brüten die Eier an, haben auf halber Strecke dann aber keine Lust mehr.

Bei kleinen oder Zwergrassen kann man davon ausgehen, dass eine Henne bis zu sechs Eiern problemlos ausbrüten kann, große Rassen schaffen bis zu elf Eiern. Am besten notiert man mit Bleistift das Legedatum der Eier, die man ausbrüten lassen möchte, auf der Schale und nimmt die überzähligen weg. Die Henne verteilt die Eier ellipsenförmig rund um das inzwischen kahle Brustbein, was bei einer ungeraden Eierzahl leichter fällt. Außerdem dreht und wendet sie die Eier regelmäßig und schiebt die äußeren nach innen und umgekehrt, damit alle Eier gleichmäßig bebrütet werden. Unbefruchtete Eier oder solche, die sich nicht weiterentwickeln, wirft sie üblicherweise aus dem Nest.

Zutaten für selbst gemachtes »Krümelfutter«.

Wenn Sie feststellen, dass eine Henne das Nest überhaupt nicht verlässt – das Futter im Abteil ist unberührt, es liegt kein Kot im Stall –, müssen Sie ihr helfen, indem Sie ihr 20 bis 30 Minuten in einem anderen Raum bzw. außerhalb des Stalls Futter und Wasser anbieten. Diese »Lüftung« ist auch für die Eier wichtig. Wenn die Henne ausreichend gefressen und getrunken hat, lassen Sie sie wieder auf ihre Eier und in Ruhe sitzen, bis nach 21 Tagen die Küken schlüpfen.

»KRAFTFUTTER«

Beim Brüten fressen und trinken die Glucken nur wenig. Daher ist es gut, ihnen in Form von Mischgetreide mehr Kalorien zukommen zu lassen als üblich oder ab und zu in viel Öl gebratenes Rührei, braunen Reis mit Chia- oder Leinsamen und Kokosöl oder selbst gemachtes Krümelfutter zu füttern.

Die Konsistenz von Krümelfutter sollte nicht matschig oder flüssig sein, sondern eben krümeln. Hier ein Rezept:

- *1 kg Getreideschrot aus Weizen, Hafer, Mais*
- *1 Handvoll ganze Körner*
- *Verfügbares gehacktes Grünfutter wie Beinwell, Gemüse, Brennnesseln, Löwenzahn, Oregano, Ringelblumen*
- *1 EL Bierhefe*
- *In Milch eingelegtes altes Brot*
- *2 EL Rapsöl*
- *2 gehackte Möhren*
- *Essensreste wie Bohnen, Erbsen, Spaghetti, Milchreis, Reis etc.*

Alle Zutaten gut miteinander vermischen. Je nach Konsistenz und Menge der wasserhaltigen Zutaten kann es notwendig sein, den Schrotanteil zu erhöhen oder zu reduzieren.

BRÜTEN IM FREIEN

Wenn eine Henne ein Nest im Freien gebaut hat und dort brütet, versuchen Sie, sie vor Raubtieren zu schützen. Bauen Sie ein kleines Gehege um sie herum, das Sie mit einem Deckel und Dachpappe abdecken, oder versuchen Sie, das komplette Nest samt Henne an gleicher Stelle in einen kleinen ebenerdigen Hasenstall mit verschließbarer Tür zu hieven. So kann sie an dem Ort bleiben, den sie sich ausgesucht hat, und ist trotzdem in Sicherheit. Wenn Sie die Henne samt Nest an eine andere Stelle tragen müssen, machen Sie dies möglichst zu zweit und möglichst im Dunkeln. Schieben Sie ein Stück Karton unter das Nest und tragen Sie Mutter und Eier so sicher an die Stelle, wo sie geschützter sind. Hühner können im Dunkeln nicht gut sehen und neigen daher meistens etwas weniger dazu, sich gegen einen Umzug zu wehren. Anschließend müssen Sie dafür sorgen, dass die Glucke in einem unbewachten Augenblick nicht zurück zum alten Nest marschiert und ihre Eier verlässt. Wenn sie die Nacht erst einmal in der neuen »Kinderstube« verbracht hat, wird das Huhn tags darauf weniger geneigt sein, auf sein altes Nest zurückzukehren.

Achtung: Es ist deutlich einfacher (und sicherer!), den Umzug zu zweit zu vollziehen. Manchen Hennen ist ein Umzug zwar relativ egal, viele jedoch werden sehr aufgeregt, flattern vom wackeligen Nest und lassen sich nicht mehr einfangen. Das ist insofern sehr schwierig, weil die Henne nicht weiß, wo Sie die Eier hingebracht haben und sie daher nicht findet. Zu zweit kann einer das dünne Brett oder die Kartonage mit dem Nest, die andere Person die Henne auf dem Nest halten.

WIE MAN BEFRUCHTETE **EIER ERKENNT**

Nach drei bis fünf Tage unter der Glucke oder in der Brutmaschine lässt sich, je nachdem, wie dickschalig und dunkel gefärbt die Eier sind, bereits erkennen, ob sich im Inneren ein Embryo entwickelt. Dazu hält man das Ei in einem möglichst dunklen Raum über eine sehr helle Taschenlampe oder eine spezielle Schierlampe.

Bei Eiern mit weißer oder cremefarbener Schale reicht eine starke Taschenlampe zum Schieren der Eier aus. Mit speziellen Schierlampen kann man später allerdings auch den Embryo und dessen Bewegungen, häufig sogar den Herzschlag erkennen.

Ist das Ei befruchtet, ist deutlich ein dichtes Netz an Blutgefäßen und der Keim zu sehen. Erkennt man weder Blutäderchen noch Keim, ist das Ei leider nicht befruchtet.

Nach fünf bis sechs Tagen kann man dann bereits den Herzschlag der Küken und erste Bewegungen in den Eiern erkennen. Am zehnten Tag ziehen sich die Blutgefäße schon durch das gesamte Ei. Man erkennt einen deutlichen Schatten: das Küken.

EIER SCHIEREN

Um Eier zu schieren, muss man sie unter der Glucke hervorholen bzw. sie aus der Brutmaschine nehmen. Das bedeutet: Sie kühlen ab, was für die Entwicklung der Küken nicht ideal ist. Daher sollte man Eier möglichst nur zweimal schieren.

Der beste Zeitpunkt zum ersten Schieren ist um den siebten Tag herum. Zu diesem Zeitpunkt lassen sich die befruchteten Eier ganz leicht an dem Spinnennetz der vorhandenen Blutgefäße erkennen. Das zweite Schieren kann dann um den 14. Tag herum erfolgen. Dabei sollte man die Entwicklung des Kükens kontrollieren und eventuell abgestorbene Eier aussortieren.

Bei optimalen Brutbedingungen entwickeln sich die Küken in den Eiern regelmäßig. Allerdings kommt es immer wieder vor, dass in einzelnen Eiern die Keime relativ früh absterben. Die Glucke entfernt diese Eier selbstständig; brütet man mit der Brutmaschine, sollte ein solches Ei unbedingt entfernt werden, damit es nicht zu gasen beginnt und damit das ganze Brutgeschehen der anderen Eier gefährdet.

Eier mit abgestorbenen Keimen erkennt man beim Schieren folgendermaßen:

- Es bildet sich ein sogenannter Hexenring, ein rötlicher, kreisrunder Blutring im Ei. Dieser ist leider ein sicheres Anzeichen, dass der Keim abgestorben ist.
- Das Ei-Innere wirkt dunkel, die Luftblase ist vergrößert. Dies ist ebenfalls ein sicheres Zeichen dafür, dass der Keim abgestorben ist. Beim Drehen des Eis bewegt sich die gesamte Luftblase hin und her.
- Die Eier beginnen zu riechen. Ein nicht mehr lebendes Ei riecht nach wenigen Tag intensiv nach Schwefel.

Ab dem zehnten Tag sind die Bewegungen des Kükens sichtbar. Werden die Bruteier wieder zum Schieren aus dem Brutapparat genommen, so sieht man Küken, die sich bewegen oder schlafen. Allerdings sollen die Eier nicht häufig herausgenommen werden, um Schäden zu vermeiden. Ab Tag 14 ist das Küken dann so viel gewachsen, dass es den kompletten Platz im Ei einnimmt.

Waren die Eier befruchtet, schlüpfen nach 21 Tagen die Küken. Danach müssen sie sich erst einmal eine Weile erholen, ehe sie damit beginnen, neugierig die Welt zu entdecken.

Kapitel 11

WIE MAN NOCH MEHR HÜHNER MACHT – **KÜKEN**

Es gibt nur weniges auf der Welt, was niedlicher ist als ganz junge Küken. Manche Leute interessieren sich wirklich ernsthaft für Zucht, andere wollen ihren Kindern oder Enkeln zeigen, wie die Natur funktioniert. Auch deshalb wird wohl jeder Hühnerhalter seine Hennen zumindest einmal brüten lassen. Was gibt es zu beachten?

HENNE ODER **BRUTMASCHINE?**

Es gibt verschiedene Möglichkeiten, um Küken auszubrüten: Man kann eine Henne die Arbeit machen lassen oder man nutzt eine Brutmaschine.

Entgegen alter Weibergeschichten kann man Eier nicht im eigenen BH (oder in dem der Frau oder Freundin) ausbrüten, denn die menschliche Körpertemperatur ist viel niedriger als die einer Glucke. In der Mikrowelle klappt das Ausbrüten auch nicht, versprochen, sondern man versaut das Gerät nur mit dem geplatzten Ei.

Hennen haben das Ausbrüten von Eiern perfektioniert. Auch der beste, teuerste Brutapparat kann sich nicht mit einer guten Glucke messen. Aber eine Brutmaschine ist eine gute Idee, wenn man keine »geborenen« Glucken hat, also solche Rassen, denen der Brutinstinkt abgezüchtet wurde und/oder die einfach nicht

auf dem Nest sitzen bleiben wollen. Er ist auch eine gute Idee, wenn Sie Küken haben wollen, ohne auf die richtige Jahreszeit oder gluckige Hennen warten zu wollen. Überlässt man das Ganze der Natur, legen und brüten die meisten Hennen nämlich nur von Frühjahr bis Sommer – abgesehen von den brutwütigen Seidenhühnern, die selbst bei –15 °C nicht davon abzubringen sind, dass genau jetzt ein Topzeitpunkt ist, um Küken im Schnee aufzuziehen.
Manche Leute entscheiden sich auch für das Ausbrüten von Eiern, weil sie die Hühnerrasse, die sie sich wünschen, nirgends bekommen, befruchtete Eier (sogenannte Bruteier) aber schon. Andere interessieren sich ernsthaft für Zucht. Auch wenn Sie oder Ihre Kinder Zeuge des Schlupfvorgangs sein möchten, ist die Brutmaschine ebenfalls der bessere Weg. Denn unter der Henne bekommen Sie vom eigentlichen Prozess des Schlüpfens nichts mit: Sehr häufig schlüpfen Küken nachts und auch immer unter der Henne. Sie finden dann am nächsten Morgen kleine piepsende Küken schon fix und fertig im Stall. Häufig sind sogar die Eierschalen bereits entsorgt.
Wenn man die Henne die ganze Arbeit machen lässt, muss man sie, wie bereits beschrieben, vor Kälte, Hitze und möglicherweise ungeduldigen anderen Hennen oder Hähnen beschützen und darauf achten, dass sie regelmäßig frisst und trinkt.

DAS KLIMA IM BRUTAPPARAT

Während bei der Naturbrut die Henne für die richtigen Umgebungsfaktoren und den korrekten Umgang mit den Bruteiern sorgt, muss sich bei der Kunstbrut der Hühnerhalter selbst darum kümmern, dass die Küken schlüpfen. Bei sogenannten Flächenbrütern ohne Ventilator sollte die Bruttemperatur in Höhe der Eieroberkante zwischen 38 und 38,3 °C liegen (im Fachhandel gibt es hierfür digitale Brutthermometer für ca. 20 Euro). Bei Motorbrütern mit Ventilator sollte die Temperatur, egal, wo Sie messen, 37,5 °C betragen. In manchen Büchern kann man lesen, dass man die Eier täglich auskühlen lassen soll, um der natürlichen Brut näherzukommen. Schließlich kühlen die Eier immer dann, wenn die Henne das Nest verlässt, ein wenig ab. Allerdings gibt es keinerlei »Beweise« oder Studien, die gezeigt haben, dass Küken durch das regelmäßige Auskühlenlassen der Eier vitaler oder robuster werden.
Neben dem regelmäßigen Wenden der Eier bis zum 18. Tag muss man auch daran denken, die Luftfeuchtigkeit am Schlupftag zu erhöhen, wobei dies bei den modernen Brutmaschinen normalerweise alles vollautomatisch abläuft. Direkt vor dem Schlupftag – am besten am 18. Tag – müssen die Eier dann rechtzeitig auf die sogenannte Schlupfhorde umgelegt werden.
Eine wichtige Rolle spielt die ideale Luftfeuchtigkeit, die bis zum 20. Tag zwischen 40 und 60 Prozent betragen sollte. Wird zu trocken gebrütet, kann sich der Keim nicht richtig entwickeln und das Küken kann beim Schlupf im Ei stecken bleiben. Ist die Luftfeuchtigkeit dagegen zu hoch, kann das Küken im Ei ertrinken. Am Schlupftag sollte die Luftfeuchtigkeit im Brüter auf mindestens 70 Prozent erhöht werden, damit die Eihaut elastisch bleibt und vom Küken problemlos durchdrungen werden kann.

WIE EIN HUHN **ENTSTEHT**

Damit aus einem frisch gelegten, befruchteten Ei ein Küken wird, muss es von der Henne ca. 21 Tage lang bebrütet werden. Die Henne dreht und wendet das Ei währenddessen immer wieder und sorgt dadurch für eine gleichmäßige Bruttemperatur von ca. 40 °C. Diese Aufgabe kann bei schlecht brütenden Hühnerrassen von einem Brutapparat übernommen werden (siehe ab Seite 188).

Die wichtigsten Entwicklunsgschritte:

TAG 3

Schon nach drei Bruttagen entwickeln sich im Ei Blutgefäße, die den Embryo mit Nährstoffen aus dem Eidotter versorgen.

TAG 8

Ab dem achten Tag wäre der Embryo im Ei deutlich zu erkennen, wenn man das Ei aufschlagen würde.

TAG 14

Nach 14 Tagen füllt das Küken bereits das ganze Ei aus.

TAG 17

Am 17. Tag durchsticht es die Eimembran und steckt Kopf und Schnabel in die Luftkammer. Die Lungen beginnen zu arbeiten, gleichzeitig nimmt das Küken bereits das Gackern und die Glucklaute der Henne wahr.

TAG 19

Ab dem 19. Tag verständigt sich das Küken im Ei durch Piepsen mit seiner Mutter. Seine Entwicklung ist jetzt fast beendet, der Eidotter beinahe aufgebraucht, es wird eng im Ei.

TAG 21

Nach 21 Tagen pickt das Küken mit seinem harten »Eizahn« auf dem Schnabel die Eierschale und vergrößert innerhalb einiger Stunden das Loch, bis es endlich schlüpfen kann.

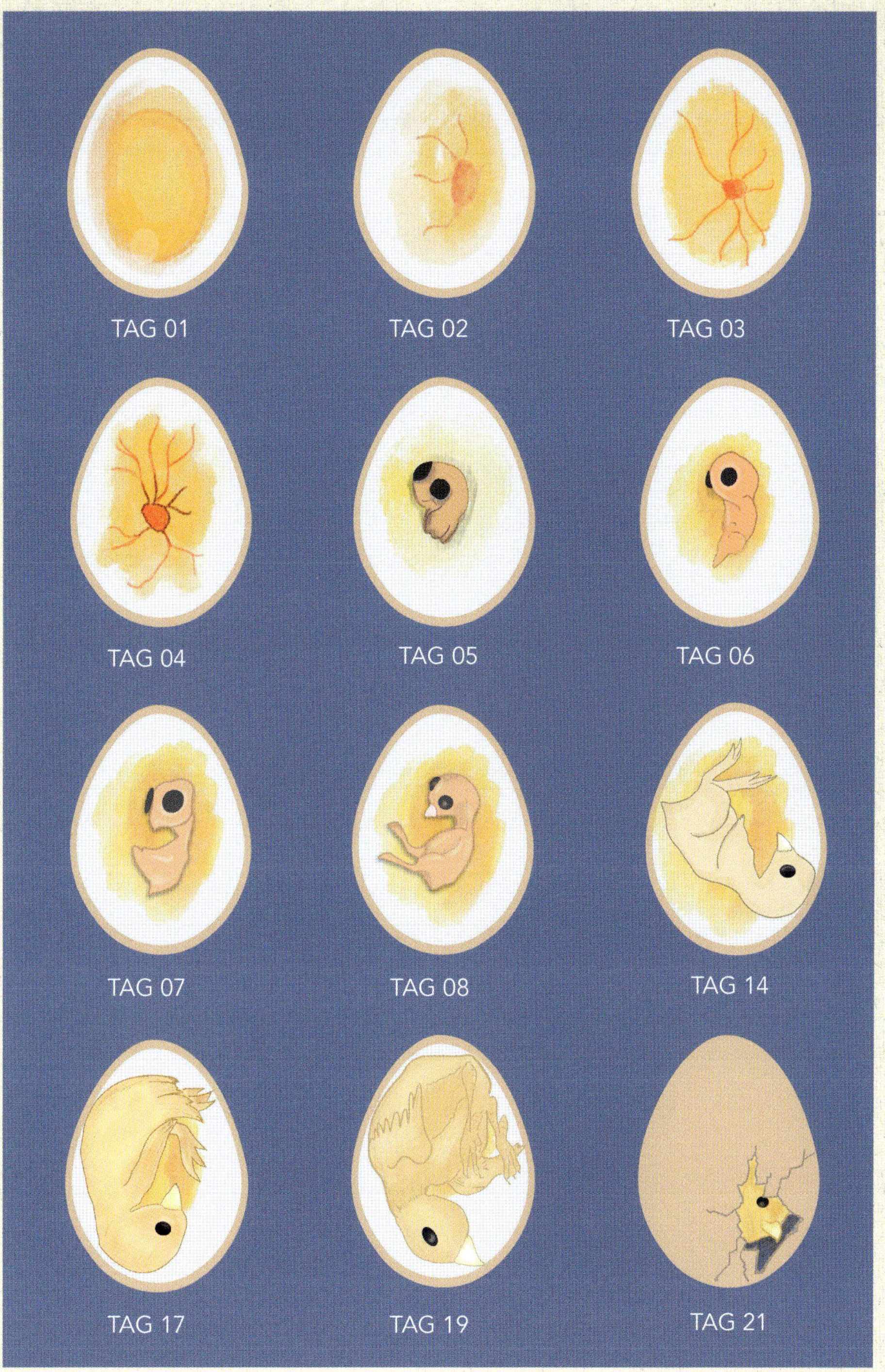
TAG 01
TAG 02
TAG 03
TAG 04
TAG 05
TAG 06
TAG 07
TAG 08
TAG 14
TAG 17
TAG 19
TAG 21

AUFZUCHT
VON KÜKEN

Dass die Küken geschlüpft sind, bemerken Sie, weil in der Nähe der Henne Eierschalen herumliegen, kleine dünne Piepstöne zu hören sind oder ein winziges flauschiges Köpfchen unter der Glucke hervorguckt.

Üblicherweise schlüpfen alle Küken innerhalb von 36 Stunden. Die Glucke bleibt ca. zwei Tage lang fest auf ihrem Nest sitzen, bis alle Küken geschlüpft und trocken sind. Die geschlüpften Küken können zwei bis drei Tage lang von dem Dotter ihres Eis leben. Dann steht die Henne auf und verlässt mitsamt dem Nachwuchs das Nest, damit die Kleinen Futter und Wasser bekommen.
In den ersten Tagen verbringen die Küken die meiste Zeit unter ihrer warmen Mutterhenne. Besucher oder Kinder sollten möglichst leise sein und die Küken auf der Welt »ankommen« lassen. Erlauben Sie niemandem, die Henne

von den Küken herunterzunehmen oder zu erschrecken, damit sie die Küken ansehen können. In ein paar Tagen werden die Küken von ganz allein aktiver und noch ganz genauso niedlich sein – die Henne dafür aber ungleich entspannter.

DIE ALLERERSTE ZEIT

Sobald die Henne mit den Küken das Nest verlässt, brauchen die Kleinen Wasser und Futter. Daher sollte in der Nähe Kükenaufzuchtfutter in einem flachen Teller bereitstehen, genau wie eine Kükentränke mit schmaler Öffnung. Die Glucke wird ihnen zeigen, wie man frisst and trinkt. Wichtig: Besorgen Sie wirklich unbedingt eine Kükentränke. Es sind tatsächlich schon Babyhühner in flachen Tellern ertrunken.

Wenn ihnen kalt ist oder sie sich fürchten, verstecken sich die Küken unter der Henne, die ihr Gefieder schön aufplustert, damit alle warm bleiben und Platz unter ihr haben. Üblicherweise ist eine Wärmelampe nicht nötig, außer, es herrschen draußen gerade Minusgrade. Dann ist eine Lampe in einer Ecke des Kükengeheges eine große Hilfe. Achten Sie darauf, dass Sie eine ausreichende Schicht Einstreu wie Sägespäne zwischen Stallboden und Küken halten. Wichtig ist, dass die Küken immer trocken bleiben. Wenn die Kleinen nass und kalt werden, kann selbst die Henne es manchmal nicht schaffen, sie wieder schnell genug zu trocknen, und das kann fatal ausgehen. Wenn der Stall im Freien ist, kann starker Morgentau zum Problem werden, weshalb Sie dafür sorgen müssen, dass Gras oder Rasen sehr kurz geschnitten sind.

Ich persönlich lasse meine Hennen mit ihren Küken frei im ganzen Stall herumlaufen, aber frühestens im Alter von zwei Wochen dürfen sie ins Freie in ein spezielles Kükengatter mit Deckel. Da draußen lauern viele Gefahren für Küken: Katzen, Ratten, Schlangen, Raubvögel und sogar Krähen oder Eichelhäher nutzen Küken als willkommenen Snack und es ist praktisch unmöglich, Küken im Freien einzufangen, wenn man eine Gefahr bemerkt. Und auch wenn Hähne Küken nur selten etwas tun, gibt es durchaus zickige andere Hennen, die fremde Küken als Konkurrenz für die eigene

Glucken kümmern sich hingebungsvoll und aufmerksam um ihre Brut, die in den ersten Tagen sehr empfindlich auf Kälte, Feuchtigkeit und Zug reagiert.

(sogar noch ungelegte) Brut betrachten und nach ihnen hacken. Die Henne wird ihr Möglichstes tun, um ihre Küken zu beschützen, kann das aber nicht immer. Und warum sollte man ihr diesen Stress antun?
Sorgen Sie dafür, dass der Draht, mit dem Sie das Kükengehege sichern, wirklich engmaschig genug ist, damit die Küken nicht hindurchkommen. Die Mutterglucke kann ihren Küken nicht helfen, wenn sie sie nicht erreichen kann, und bekommt entsetzlichen Stress, wenn das oder die Küken mit »Mayday! Mayday!«-Gepiepse direkt vor ihrer Nase herumrennen, aber wegen des Gitters unerreichbar sind.
Küken können in jedem Alter von der Mutter getrennt werden, brauchen dann allerdings bis zur zehnten oder zwölften Woche noch zusätzliche Wärme. Im Alter von vier Wochen sollten sie ungefähr 0,18 Quadratmeter zur Verfügung haben. Solange sie noch keine richtigen Federn, sondern nur den niedlichen Kükenflausch haben, können sie sich nicht selbst wärmen. Bei Temperaturen von unter 5 °C würden sie schlicht erfrieren. Aber »mother knows best«: Wenn die Glucke ihre Kinderschar partout nach draußen führen möchte, kann man ihrem Instinkt für ausreichende Temperaturen durchaus trauen.

TEENIEALTER

Sobald die Küken ihre Federn bekommen, können sie zusammen mit allen anderen Hühnern draußen herumlaufen. Die Glucke kümmert sich ab dann immer weniger um ihre Brut. Bei den Seidenhühnern kann man häufig Interims-Kindermädchen beobachten, die mit der Mutter die Küken führen oder übernehmen, wenn die Glucke keine Lust mehr hat und wieder ihrem normalen Leben nachgehen will. Sie wissen schon: die Dinge, die erwachsene Hühner eben nun einmal zu tun haben.
Wer viele Mäuse- oder Wühlmauslöcher im Gehege hat, sollte die Küken noch zwei Wochen in einem Teeniegehege (ohne Löcher) lassen, bis sie wirklich zu groß sind, um in den Mäusebau gezerrt zu werden. Es wäre einfach zu schade, auf diese Weise die sorgfältig aufgezogenen Küken zu verlieren.
Achten Sie darauf, ob die Junghühner in den ersten Tagen von den anderen, erwachsenen Hühnern akzeptiert werden. Wenn sie Wunden haben oder bluten, trennen Sie sie sofort von den anderen Hühnern. Ich habe für solche Fälle ein Gehege im Gehege, in dem auch alle Neuankömmlinge (aus dem Tierschutz oder zugekauft) untergebracht werden: Hier können die Hühner einander durch den Zaun sehen und in aller Ruhe bedrohen, ohne dass irgendwer zu Schaden kommt. Nach drei, vier Wochen haben sich alle Beteiligten üblicherweise aneinander gewöhnt und der Zaun kann geöffnet werden, ohne dass es böse Überraschungen gibt.
Wichtig: Achten Sie darauf, dass immer genügend Wasser zur Verfügung steht: 25 einen Monat alte Küken können bei warmem Wetter bis zu dreieinhalb Liter täglich trinken.

Achten Sie gut darauf, ob Ihre Teenies von den erwachsenen Hühnern akzeptiert werden. Ein unwirsches Huhn kann einem Junghuhn echten Schaden zufügen, gegen den es sich nicht wehren kann.

KÜKEN AUS DEM **BRUTAPPARAT**

Am 18. Bruttag beginnt das Küken, sich auf den Schlupf vorzubereiten. Sein Kopf bewegt sich in Richtung des breiteren Endes des Eis, es zieht seine Füße zum Kopf und steckt diesen unter den rechten Flügel, und wenn man genau hinhört, kann man es bereits piepsen hören.

Jetzt darf das Ei nicht mehr bewegt werden, denn wenn das Küken sich nun neu orientieren muss, kostet es das zu viel Energie und schwächt es für den anstrengenden Schlupf. Küken können zwar auch aus einem Ei in falscher Position schlüpfen, aber es macht den ganzen Prozess ungleich schwieriger und viele sterben bei dem Versuch.

Am 20. Tag zersticht das Küken die Membran, in der es liegt, steckt den Schnabel in die Luftblase an der breiten Seite des Eis und beginnt zu atmen. Am 21. Tag ist diese Luft aufgebraucht und das Küken nutzt seinen Eizahn (eine sehr harte Stelle am Ende des Schna-

bels), um ein Loch in die Eierschale zu picken und Sauerstoff in das Ei zu lassen.
Das Küken bricht die Eierschale kreisförmig auf. Zwischendurch hört es immer wieder auf, um sich auszuruhen: Dieser Vorgang kann zwischen 30 Minuten und mehreren Stunden dauern. Wenn die Eierschale richtig rund ausgeschnitten ist, fällt der kreisrunde »Deckel« ab und das Küken schiebt sich mithilfe seiner Beine aus der Schale. Das Küken liegt jetzt nass und müde in der Einstreu und bleibt manchmal eine Stunde oder länger liegen, um zu trocknen, ehe es endlich aufsteht und sich wackelig vorwärtsbewegt.
Die frisch geschlüpften Küken können problemlos bis zu zwei Tage im Brüter verbleiben. In der Regel sollten bis dahin alle Küken aus ihren Eiern geschlüpft sein. Trotzdem kann es besser sein, die bereits geschlüpften Küken in ein geeignetes Kinderzimmer zu setzen, damit sie die noch im Schlupf befindlichen Küken nicht durch ihr Herumgerenne stören.

WANN IST HILFE NÖTIG?

Bei Küken im Brutapparat kommt man schnell in die Versuchung, dem armen winzigen Ding aus der Eierschale zu helfen, weil es wirken mag, als würde es es einfach nicht aus dem Ei schaffen. Manchmal sieht man das Loch im Ei und den Schnabel herausgucken, aber mehr scheint sich nicht zu tun.
Aber Vorsicht: Helfen Sie dem Küken nicht. Das Schlüpfen aus dem Ei ist ein langsamer Prozess, der unter ganz bestimmten Voraussetzungen vonstattengeht. Man kann das Küken nicht einfach aus dem Ei pulen. Der Schlupf dauert auch unter idealen Bedingungen eine lange Zeit. Sie müssen einfach geduldig bleiben und abwarten.
Normalerweise sind es drei Dinge, weshalb ein Küken nicht in der Lage zu sein scheint, aus dem Ei zu kommen: eine zu niedrige Temperatur, zu niedriger Sauerstoffgehalt oder zu niedrige Luftfeuchtigkeit – was übrigens auch daran liegen kann, dass ständig jemand die Tür des Brutapparates öffnet, um den Fortschritt der Küken zu überprüfen. Wenn die

Helfen Sie dem Küken nicht aus dem Ei. Das Schlüpfen ist ein langsamer Prozess, der unter ganz bestimmten Voraussetzungen vonstattengehen soll.

Ventilation nicht richtig funktioniert, werden die Küken vom Sauerstoffmangel geschwächt. Wenn die Luftfeuchtigkeit zu hoch ist, ertrinken die Küken, weil sie nicht atmen können.

Viele Hühnerzüchter sind der Meinung, dass Küken, die nicht von alleine schlüpfen, sowieso nur wenig Überlebenschancen haben und früher oder später sowieso sterben oder nur ein geschwächtes, kurzes Leben führen, und helfen schon aus diesem Grunde nicht.

Manchmal allerdings ist die Eimembran zu trocken und das Küken kommt nicht durch oder das Küken liegt in der falschen Position, um schlüpfen zu können. Wenn es versucht, am schmaleren Ei-Ende zu schlüpfen und nicht vorwärtszukommen scheint, liegt es falsch herum. Wenn das Ei am richtigen Ende durchstoßen wurde, aber nach einer Stunde immer noch nichts weitergeht, könnte die Eimembran zu trocken sein. In diesen Fällen kann man dem Küken sehr langsam und vorsichtig beim Schlupf helfen.

»GEBURTSHILFE«

Wenn Sie sich entscheiden, dem Küken zu helfen, achten Sie zuerst darauf, ob es überhaupt noch lebt: Es soll piepsen oder sich bewegen. Sorgen Sie für eine saubere, warme und einigermaßen weiche Unterlage. Sterilisieren Sie eine Nagelschere und eine Pinzette mit Alkohol zum Einreiben oder kochen Sie sie für eine Minute in einem kleinen Topf. Sorgen Sie für etwas sauberes, warmes Wasser in direkter Nähe.

Unter der Eierschale befindet sich die dicke Eimembran mit vielen Äderchen. Das Küken hat diese Membran bei dem Versuch zu schlüpfen an einer Stelle bereits durchstochen. Wenn Sie die Membran zu früh zerreißen, wird sie stark bluten und das Küken entweder massiv schwächen oder im schlimmsten Fall sogar umbringen.

Mit der Pinzette und der Nagelschere sollten Sie jetzt um das Schlupfloch herum vorsichtig die Eierschale von der Membran lösen – idealerweise in dem »Muster«, in dem das Küken arbeiten würde. Es kann sein, dass um das Luftloch herum keine Membran mehr ist, was das Entfernen der Eierschale erleichtern sollte. Falls das Küken das Loch auf der Eiseite oder am schmalen Ende des Eis begonnen hat, liegt es in der falschen Position: In diesem Fall müssen Sie noch vorsichtiger sein.

Passen Sie auf, dass Sie nicht versehentlich das Küken mit der Schere oder der Pinzette verletzen. Wenn Sie eine Ader der Membran beschädigen und sie zu bluten anfängt, hören Sie sofort auf und legen Sie Ei und Küken vorsichtig zurück in die Brutmaschine: Sie können das Blut nicht stoppen. Es wird wahrscheinlich von alleine aufhören, obwohl es das Küken massiv schwächt. Nach etwa einer Stunde können Sie weitermachen, falls das Küken noch lebt und immer noch nicht aus dem Ei gekommen ist.

Wenn die Hälfte der Eierschale entfernt ist und Kopf und Hals frei liegen, wird das Küken wahrscheinlich aktiv werden und sich aus dem Rest der Membran selbst befreien. Befeuchten Sie die übrige Membran mit ein bisschen warmem Wasser und setzen Sie das Küken mitsamt der noch daranklebenden Eierschale wieder in den Brutapparat zurück. Wahrscheinlich wird es dort einfach eine Weile herumliegen. Wenn es allerdings innerhalb einer Stunde nicht aufgestanden ist und herumläuft, ist es wahrscheinlich zu schwach, um zu überleben.

»Geburtsthilfe« bei Küken ist ein sehr mühsamer und diffiziler Prozess, der mit extrem viel Sorgfalt, Wasser, Pinzette und Nagelschere und ruhigen Händen eingefädelt werden muss, weil man das Küken sehr leicht verletzen kann.

AUFZUCHT DURCH DEN MENSCHEN

Bei der Naturbrut sorgt die Glucke von Anfang an für ihre Kleinen. Bei Küken aus dem Brutapparat muss der Mensch diese Aufgabe übernehmen.

Am Anfang hält man die geschlüpften Küken aus dem Brutapparat am besten in einer Kükenbox mit Wärmelampe oder -platte. Die Box muss trocken und bei Raumtemperatur stehen, damit der Hühnernachwuchs es warm hat.

Als Kükenbox eignet sich ein ausreichend großer Karton (in den ersten drei bis vier Wochen ca. 20 x 10 Zentimeter pro Küken), eine durchsichtige Plastikstapelbox oder eine Malerwanne. In den allerersten Tagen legt man die Box am besten mit Küchenrolle aus. Zeitung ist zu rutschig und man sollte unbedingt verhindern, dass junge Küken ausrutschen und Spreizbeine riskieren, was das Gehen später sehr schwierig macht. Sägespäne sind ebenfalls nicht gut, weil gerade bei Zwerghühnern die Küken buchstäblich darüberstolpern und die Kleinen zudem erst den Unterschied zwischen Futter und Einstreu lernen müssen. Später eignen sich am besten klein gehäckselte Hanfeinstreu oder grober Sand. Sägemehl ist ungünstig, weil es zu staubig ist und ebenfalls zu leicht mit dem fein gemahlenen Kükenfutter verwechselt werden kann.

Zum Säubern muss die gesamte Einstreu entfernt und die Box entweder erneuert (Karton) oder mit Essigreiniger gesäubert und gut getrocknet werden (Plastik). Dann wird neue Einstreu eingefüllt.

Der Rand der Box sollte mindestens 45 Zentimeter hoch sein, vor allem beim Gebrauch einer Wärmelampe, damit die Wärme in den vier Wänden bleibt (deshalb sind Nagerkäfige anfangs auch ungeeignet). Die Küken sollten allerdings die Möglichkeit haben, der Wärmequelle auch zu entgehen, weshalb ein rechteckiges Behältnis mit der Wärmequelle an einer Seite am besten ist. Damit besonders vorwitzige Küken nicht aus der Box springen können, sollte diese einen luft- und lichtdurchlässigen Deckel haben.

Als Einrichtung eignen sich dünne Zweige, die man in die Wände der Box bohren kann und auf denen die Küken schon mal das Sitzen auf der Stange üben können (und wollen). Häufig kann man hier schon feststellen, wer einmal ein Hahn wird: Der will nämlich höher sitzen als die anderen. Im Laufe der Zeit kann man klein gehäckseltes Stroh (Nagerstroh) verwenden, Moosplatten oder ausgegrabene Rasenstücke, damit die Kleinen etwas zu tun haben. Futter und Wasser sollten am Rand und nicht direkt unter der Wärmelampe stehen.

WÄRMEPLATTE UND -LAMPE

Solange Küken nur ihre Kükendaunen haben, können sie ihre Körperwärme nicht selbst regulieren, weshalb die Kükenbox warm sein muss und es darin nicht ziehen darf.

Eine Wärmeplatte ist eine meist stromsparende, quadratische Platte auf Füßen, unter die die Küken schlüpfen können. Die Platte erzeugt eine natürliche Art der Wärme und fungiert wie eine Ersatzglucke, unter der sich die Küken in Sicherheit bringen können. Sie hat eine spezielle Birne, die nur wenig dämmeriges rotes Licht, vor allem aber Wärme abgibt. Man muss ein bisschen friemeln, damit sie weder zu tief (und damit zu warm) hängt noch zu hoch: Wenn die Küken alle eng aneinandergedrückt unter dem Licht sitzen, hängt die Lampe zu hoch und spendet zu wenig Wärme. Quetschen sich die Küken in die äußersten Ecken der Kükenbox, ist die Lampe zu warm. Verteilen sie sich locker unter der Lampe, hängt sie richtig. **Achtung:** Versuchen Sie nicht, mit einer gewöhnlichen Glühbirne Wärme zu erzeugen. Das geht selten gut und die Verbrennungsgefahr ist viel zu hoch.

In den ersten Tagen sollte die Temperatur etwa 36 °C betragen (messen Sie oberhalb des Rückens der Küken). Ab dem fünften Tag kann man die Temperatur alle zwei Tage um 1 °C reduzieren. Sobald die Küken mit sechs bis acht Wochen fast vollständig befiedert sind, reicht normale Raumtemperatur. Sie können dann auch bei bis zu 18 °C ins Freie, um Muskeln aufzubauen und Käfer und Gräser zu fressen. Wenn die Temperatur nachts unter 14 °C fällt, sollte man den Küken eine Wärmelampe anstellen, damit sie sich bei Bedarf wärmen können.

FUTTER
FÜR KÜKEN

Küken haben einen anderen Nährstoffbedarf als ausgewachsene Hühner. Daher gibt es für die Kleinsten spezielle Futtermischungen. Sie können aber auch selbst »kochen«.

Küken müssen wachsen und brauchen daher anders als erwachsene Hühner im »Erhaltungszustand« weniger Kalzium (nur ein Prozent Kalziumanteil im Vergleich zu den vier bis fünf Gramm, die eine eierlegende Henne benötigt), dafür aber mehr Proteine, Aminosäuren und andere Nährstoffe. Ihr Futter besteht üblicherweise aus gemahlenem Mais, Weizen, Hirse, Leinsaat, Guineakorn, Erbsen und anderen Saaten. In den ersten zwei Lebenstagen brauchen die Küken keine zusätzliche Nahrung, weil sie noch von dem Dottersack profitieren, den sie vor dem Schlupf absorbiert haben. In den ersten 48 Stunden machen Küken allerdings eine

gewaltige Entwicklung durch: Am zweiten Tag laufen sie schon ganz selbstverständlich herum und die Glucke hat ihnen bereits gezeigt, wie man frisst und trinkt. Das ist der Moment, in dem man ihnen ein zusätzliches, selbst gemachtes Küken-Aufzuchtfutter anbieten kann. In früheren Tagen war dies gang und gäbe, denn es gab gar kein kommerzielles Kükenfutter.
Vom ersten Tag bis zur 8. Woche rechnet man pro Küken mit ca. 2,5 kg Kükenfutter.

SELBST GEMACHTES KÜKENFUTTER

Ein althergebrachtes Küken-Krümelfutter-Rezept besteht aus folgenden Zutaten:

- *1 hart gekochtes Ei*
- *1 TL Haferflocken*
- *frische Brennnesselblätter*
- *Möhren*
- *Löwenzahnblätter*
- *1 TL Bierhefe*
- *1 EL Leinöl*
- *2 EL gekochte Weizenkörner*

Alle Zutaten in einer Küchenmaschine oder im Zwiebelschneider zerkleinern, bis ein feuchter, krümeliger Brei entstanden ist (deshalb nennt man diesen Brei auch »Krümelfutter«), der von den Küken (und der Glucke) gerne gefressen wird.

EIN MIX AUS ECHTEM SUPERFOOD

Dieses Aufzuchtfutter ist auch ein hervorragender Booster für angeschlagene Hühner, denn es enthält lauter Superfoods:

- **Haferflocken** liefern viele Proteine, viele Ballaststoffe, die für die Vermehrung wichtiger Darmbakterien sorgen, Mineralstoffe (besonders Magnesium, Phosphor, Eisen und Zink) und wertvolle Vitamine – von allen Getreiden hat Hafer sogar den höchsten Gehalt an Vitamin B_1 und B_6.
- **Brennnesseln** sind eine echte Bakterienbremse und wahre Nährstoffbomben. Sie enthalten Kaffeoyläpfelsäure, ätherisches Öl, Kieselsäure, Mineralstoffe wie Kalzium, Kalium, Magnesium, Eisen, Beta-Carotin sowie Vitamin B und K. Bemerkenswert ist auch der hohe Gehalt an Vitamin C (viel mehr als bei Zitrusfrüchten) und Eiweiß.

Unkräuter aus dem Garten sind die wichtigsten Zutaten für das traditionell überlieferte Küken-Krümelfutter.

Der Proteinanteil der Brennnessel macht ungefähr sieben Prozent bzw. 30 Prozent ihrer Trockenmasse aus.

- **Löwenzahn** gehört zu den Korbblütlern und damit zur gleichen Pflanzenfamilie wie Ringel- und Sonnenblumen, Astern oder Gänseblümchen. Er regt den Appetit und die Verdauung an, wirkt stark antioxidativ und hat einen diuretischen Effekt, stärkt die Nieren, die Bauchspeicheldrüse, Milz und den Darm.
- **Möhren** liefern viel Provitamin A und Eisen, regen den Stoffwechsel an und ihre ätherischen Öle wirken prophylaktisch gegen Darmparasiten.
- **Bierhefe** ist reich an Nährstoffen, dazu zählen neben Vitamin B_1, B_3, B_5, B_7 (Biotin) und Folsäure auch Magnesium, Eisen, Kupfer, Zink und Kalium sowie Phosphate.
- **Leinöl** (Leinsamenöl, Flachsöl) ist reich an Omega-3-Fettsäuren.
- **Weizen** ist sozusagen die Basis von Hühnerfutter. Gekochte oder vorgekochte Weizenkörner werden von Hühnern besonders gut angenommen und enthalten viel Vitamin B, Magnesium und Eisen und jede Menge Mineralstoffe.

Noch so Superfoods sind:

- **Koriander:** Er macht die Knochen stark und enthält sehr viel Vitamin A und K, das die Blutgerinnung kontrolliert und die Knochenbildung aktiviert. Außerdem enthält frischer Koriander wertvolle Antioxidantien. Auch wenn sich unter Menschen die Geister scheiden, ob sie den Geschmack von frischem Koriander mögen oder nicht: Hühner scheinen ihn zu lieben.
- **Basilikum:** Wirkt antibakteriell und schützt die Schleimhäute. Alle Hühner, groß oder klein, lieben frische Basilikumblätter im Topf oder gehackt übers Futter gestreut.
- **Estragon:** Er steckt von den Blüten, über die Blätter bis in die Wurzeln – voller Nährstoffe. Estragon enthält viel Vitamin A, B, C, E und K und außerdem wichtige Mineralien wie zum Beispiel Magnesium, Kalzium, Phosphor, Kalium und Zink – ist also eine Art Allroundheilmittel für Küken.

In den ersten Tagen bietet es sich außerdem an, den Küken zum Trinken kalten Kamillentee anzubieten, denn Kamille wirkt entzündungshemmend, antibakteriell und krampflösend. Der Tee wird im Wasserspender genauso gut angenommen wie Wasser.

Krümelfutter lässt sich hervorragend
mit verschiedenen »Superfoods« und
Kräutern vermischen, was auch das üb-
liche Kükenfutter unerhört aufwertet.

WACHSTUMSPHASEN: VOM SCHLUPF ZUM HUHN

Hühnerküken wachsen sehr schnell. Schon nach zehn Wochen nach dem Schlupf sind sie der Kinderstube entwachsen und noch mal 14 Wochen später schon geschlechtsreif. Jetzt können sie selbst »Eltern« werden.

Kleine Küken sind sehr empfindlich. Egal, wie unwiderstehlich die kleinen Flauschkugeln auch aussehen mögen: Fassen Sie sie erst am zweiten Tag an! Es dürfen keinerlei Bakterien von unseren Händen an ihren Bauchnabel gelangen, dort, wohin sich der Dottersack zurückgezogen hat. Sehr viele Hennen erlauben gar nicht, dass man sich ihren Küken nähert, und zeigen sich durchaus kampfbereit.

Am zweiten Tag hat bereits eine große Entwicklung stattgefunden; die Küken laufen nun schon munter – wenn auch ganz in der Nähe der Glucke – herum und lassen sich von ihr und den Geschwistern zeigen, wie man frisst und trinkt. Auch Küken aus dem Brutapparat sind ab dem zweiten Tag stabiler. In ihrer Entwicklung sind sie jedoch meistens ein wenig langsamer, weil sie keine Glucke haben, von der sie sich Dinge abschauen können. Da haben Naturbrut-Küken einen echten Vorteil.

AB NACH DRAUSSEN

Zusammen mit der Glucke können Küken ab dem siebten Tag, wenn das Wetter warm (über 18 °C) und trocken ist, ins Freie, wo sie schon selbstständig und wahnsinnig beschäftigt herumlaufen und scharren wie die Großen – allerdings noch immer ganz nahe bei der Glucke und möglichst geschützt vor eventuell zickigen anderen Hühnern.

Die Glucke übt mit ihnen das Hoch- und Herunterlaufen auf der Hühnerleiter und man kann beobachten, wie die Küken auf ihre Geschwister warten, die sich noch nicht aus der Stalltür oder über Stufen trauen (ich behaupte, dass es vor allem die winzigen Hähne sind, die auf die Geschwister warten und motivierend piepsen, bis auch das letzte Küken aus dem Stall gekommen ist).

Wichtig ist es, im Freilauf mehrere Wasserstellen für die Küken einzurichten, damit sie Zugang zu Wasser finden – auch wenn die erwachsenen Hühner die Wassertellerchen (etwa Blumenuntersetzer oder richtige Kükentränken) voller Sand scharren und man es kaum schafft, die Tränken ständig zu säubern. Der Mensch sollte anfangs darauf achten, dass die erwachsenen Hühner die Küken beim Herumrennen in Ruhe lassen und nicht böswillig nach ihnen picken, was die Glucke möglicherweise nicht immer verhindern kann.

Für eine gute Prägung ist es ratsam, die Küken im Laufe des Tages immer wieder beiläufig ruhig in die Hand zu nehmen. So lernen sie, dass Berührungen durch den Menschen etwas ganz Gewöhnliches sind, vor dem man sich nicht fürchten muss.

Junge Hühner sehen in der Teenagerphase ähnlich aus wie junge Geier, meistens ohne dabei zu verraten, wes Geschlechtes sie sind.

DIE KRITISCHE PHASE IST VORÜBER

Der zehnte Lebenstag beendet die erste empfindliche Lebensphase der Küken. Wer bis hierher überlebt hat, hat gute Chancen, es auch weiterhin zu schaffen.

Die Küken kommen im Freilauf nun mehr mit Parasiten in Kontakt. Egal, wie akribisch man sauber macht, liegt überall auf dem Boden Hühner- oder Wildvogelkot, der infiziert sein kann, und Küken picken einfach alles auf. Daher sollte man die Küken ab dem 14. Tag vorbeugend mit natürlichen Mitteln entwurmen. Es gibt im Handel verschiedene fertige Bitterkräutermischungen, die ein Darmmilieu schaffen, das Darmparasiten nicht guttut, sodass sie sich unter solchen widrigen Umständen gar nicht erst im Darm ansiedeln. Diese Kräutermischungen – Leyen »Wurm-Adieu«, »AniForte® WermiX«, «Darm&Rein« von Wachtelgold®, »Verm-X® flüssig« u. v. m. – mischt man unter vorgegarten Weizen und lässt das Ganze ein paar Stunden ziehen, bevor man die Körner zum freien Zugang ins Gehege stellt.

TEENAGER

Heranwachsende Küken in der sechsten bis zehnten Woche sehen häufig aus wie kleine Geier: Sie verlieren ihre Kükendaunen, die neuen Federn fangen gerade erst an zu wachsen, die Halsfedern wachsen noch spärlich nach und die Frisur erinnert oft an Punks. Die Teeniehühner üben Droh- und Kampfverhalten (das gilt für die Hähne genauso wie für die kleinen Hennen) und starren sich gegenseitig an, hopsen aufeinander zu und zetern, was das Zeug hält. Die erwachsenen Hühner nehmen die Teenager noch immer nicht besonders ernst, man kann aber beobachten, dass die Hähne jetzt anfangen, den Heranwachsenden mehr von der Welt zu zeigen. Die Glucke kümmert sich immer weniger um ihre Brut, die dessen ungeachtet nachts häufig noch immer versucht, unter ihr zu schlafen.

JUNGHÜHNER

Zwischen der 18. und 25. Lebenswoche werden Hühner geschlechtsreif: Sobald sie krähen oder mit dem Eierlegen anfangen, sind sie erwachsen. Wer nicht möchte, dass die Junghähne nun alles decken, was nicht bei zwei auf dem Baum ist, sollte sie ab der 20. Lebenswoche von den anderen Hühnern separieren. Hähnen macht es nichts aus, in einem eigenen Gehege gehalten zu werden, und solange keine Hennen als Objekte der Begierde in direkter Nähe sind, leben sie meistens sehr friedlich als Jungs-WG zusammen. Gleichzeitig probieren die Junghennen jetzt die Legenester aus, setzen sich hinein, glucken recht wichtig und arrangieren das Nistmaterial um. Wenn es also noch keine Legenester gibt, sollte man sie ab der 18. Woche zur Verfügung stellen, damit die Hühner ihren natürlichen Instinkten nachgehen können.

Wenn sie dann die ersten Eier legen, sind diese oft winzig klein oder haben merkwürdige Formen. Eine meiner Junghennen legte wochenlang kugelrunde Eier, die an Golfbälle erinnerten. Aber das spielt sich im Laufe der Zeit ein. Wenn es nicht schon geschehen ist, kann man die jungen Hühner jetzt in ihre endgültigen Gruppen setzen.

Kapitel 12

KRANKES HUHN, WAS NUN?

Um es gleich vorweg zu sagen: Bevor Sie sich Hühner anschaffen, sollten Sie sich um einen Tierarzt kümmern, der sich mit den grundsätzlichsten Dingen wie Impfungen und Entwurmungen von Hühnern auskennt. Alle schweren oder unklaren Erkrankungen müssen grundsätzlich dem Tierarzt vorgestellt werden.

KRANKHEITEN ERKENNEN UND BEHANDELN

Hühner sind echte Künstler, wenn es darum geht, Krankheitssymptome zu verschleiern. Das liegt daran, dass kranke Hühner in der Hackordnung nichts zu lachen haben: Sie werden gemieden, vom Futter verscheucht und gepickt – manchmal sogar zu Tode.

Hühner setzen alles daran, nicht krank zu erscheinen, also muss man lernen, genau hinzusehen und zu erkennen, was noch normales Verhalten ist oder ob ein Huhn zu merkwürdigen Zeiten Siesta zu halten scheint, häufig am helllichten Tag auf der Stange sitzt, sich aufplustert oder schwerer zu atmen scheint. Das könnten Hinweise darauf sein, dass es ihm nicht gut geht.

Hühner haben einen sehr schnellen Stoffwechsel bei einer Körpertemperatur von ca. 40 °C; am Kamm beträgt die Temperatur 35 °C, am Kehllappen 33 °C. Das bedeutet, dass Bakterien und Keime geradezu ideale Bedingungen vorfinden und sich sehr schnell vermehren können: Ein Huhn, das heute nur ein bisschen schlapp wirkt, kann morgen schon sterbenskrank sein.

ERSTE HILFE

Grundsätzlich sollten Sie mit einem kranken Huhn zum Tierarzt. Es bringt überhaupt nichts, auf Facebook, in einem Forum oder einer Onlinegruppe nachzufragen: Wenn man ein krankes Tier hat, braucht man einen Profi und nicht 200 unterschiedliche Meinungen.

Auch sollten Sie nicht auf Verdacht ein Antibiotikum verabreichen, außer Sie wissen genau, was das Problem ist. Die Gabe von Antibiotika, wenn sie gar nicht benötigt werden, kann zu Resistenzen führen. Wenn Sie eine Erkrankung mit der falschen Arznei behandeln, ist also die Gefahr sehr groß, mehr Schaden anzurichten, als dem Huhn zu helfen. Aber versprochen: Je länger Sie Hühner halten und je mehr Zeit Sie mit ihnen verbringen, desto besser werden Sie im Erkennen von Symptomen.

Wenn es in der Umgebung keinen erreichbaren Tierarzt gibt oder Sie nicht sofort einen Termin bekommen, sind die folgenden Behandlungsmöglichkeiten zu empfehlen:

- Erschöpft oder schlapp wirkende, aufgeplusterte Hühner, Hühner mit Lahmheiten oder Atemgeräuschen sollte man grundsätzlich und sofort von den anderen Hühnern separieren. Bei kleineren oder Zwerghühnern ist ein großer Meerschweinchenkäfig sehr praktisch, bei größeren Hühnern ein entsprechend größerer Käfig oder ein Extragehege mit halbseitiger Decke darüber (im Sommer genügt auch ein Tuch), damit das kranke Huhn keinesfalls Zug bekommt und sich im Halbdunkel geschützt fühlt.
- Zu trinken geben Sie Tee aus Oregano mit 5 EL Apfelessig auf 3 l Wasser und Elektrolyten versetzt (siehe Seite 157). Bieten Sie dem Huhn besonders gesunde Dinge zu fressen an, wie beispielsweise Rührei mit frischem Knoblauch und Leinöl, Krümelfutter (siehe Seite 175), gekochten braunen Reis mit Oregano, Bierhefe, Lein- oder Hanföl oder gekochte Quinoa mit frischer Petersilie, Hanföl, geriebenem Apfel und Sonnenblumenkernen. Nach ein paar Tagen an einem ruhigen, warmen Ort und den zusätzlichen Nährstoffen erholen sich Hühner üblicherweise hervorragend.
- Ist das Huhn sehr still, sitzt es mit schläfrigen Augen, aufgeplustert und zusammengezogen herum oder hustet es, niest es und sieht insgesamt recht unglücklich aus, bringen Sie es sofort zum Tierarzt.

HAUTVERLETZUNGEN, SCHRAMMEN, STICHWUNDEN, KAMMVERLETZUNGEN

Die Haut von Hühnern ist dünn und reißt leicht auf. Daher entstehen schnell Kratzer und kleine Wunden, wenn das Huhn irgendwo im Stall hängen bleibt, es seinen vorwitzigen Kopf durch den Zaun gesteckt hat, weil das Gras auf der anderen Seite des Zauns selbstverständlich grüner ist, wenn es beim Deckakt oder einer Auseinandersetzung verletzt wurde oder ungünstig erwischt wurde, als eine andere Henne nach ihm gepickt hat.

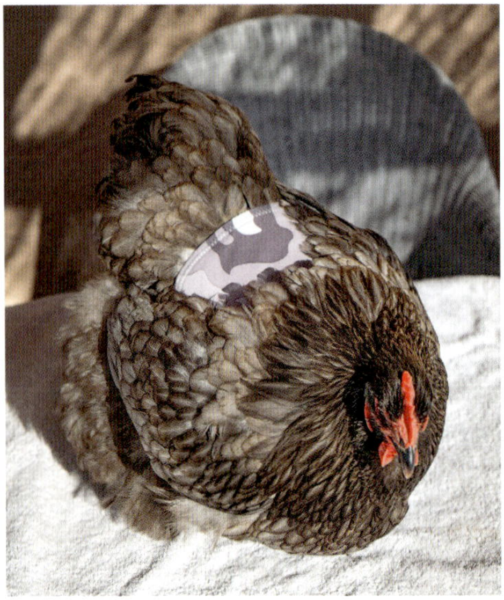

Sogenannte Hühnersättel können Hennen einiges Elend ersparen, wenn die Hähne sie zu oft und zu grob mit ihren scharfen Sporen bespringen und dabei die Haut am Rücken schwer verletzen. Man schiebt den Hühnersattel, der meistens aus wetterfestem Baumwollstoff ist, über die Flügel, sodass er den Rücken des Huhns bedeckt – und so gegen die Krallen des Hahns schützt. Hühnersättel findet man im Internet in verschiedenen Designs für ca. 20 Euro.

Tiefe Wunden sind selten und entstehen eher, weil irgendein Feind es erwischt hat und gestört wurde, bevor er das Huhn verspeisen oder mitzerren konnte.

Grundsätzlich ist es wichtig, dass Sie Ihre Hühner wenigstens einmal am Tag etwas genauer ansehen: Dann fällt Ihnen auf, ob ein Huhn sich merkwürdig vorsichtig bewegt, hinkt oder blutet. Federn können Wunden verstecken oder eine Blutung verkleben. Hält eine Henne sich auffällig hartnäckig im Stall auf und wirkt aber grundsätzlich ganz munter, sollte man unter den Flügeln nachsehen, ob der Hahn sie beim Deckakt möglicherweise mit seinen Sporen oder Krallen verletzt hat.

Wenn das Huhn noch gerade geht und herumläuft, versuchen Sie, es ohne Stress oder Jagen einzufangen. Meistens laufen Hühner in ihren Stall, wenn sie beunruhigt sind, also versuchen Sie, das Huhn ganz ruhig und entspannt in den Stall zu treiben, den Stall von innen zu schließen und es dann im Stall ganz ruhig und vorsichtig hochzunehmen.

Wenn Sie das Huhn auf dem Arm haben, untersuchen Sie es ruhig und vorsichtig. Ziehen Sie achtsam die Federn auseinander, schauen Sie unter den Flügeln nach, entfernen Sie lose Federbüschel und verwenden Sie einen weichen mit warmem Wasser getränkten Schwamm, um die Tiefe und Größe der Wunde besser erkennen zu können.

Ist die Wunde tief und wurde von einem Fressfeind verursacht, bringen Sie das Huhn sofort zum Tierarzt – und sei es nur, um ihm weiteres Leiden zu ersparen.

Wenn Sie sich dazu entscheiden, das verletzte Huhn zu behandeln, warten Sie nicht lang (oder bringen Sie es zum Tierarzt). Versuchen Sie aber, Stress zu vermeiden. Nur zu oft sterben Hühner nicht an ihren Wunden, sondern am Stress aufgrund einer falschen Behandlung. Sorgen Sie zuerst für ein angenehmes Krankenzimmer:

- Setzen Sie das Huhn in einem ruhigen, abgedunkelten Raum in einen großen Nagerkäfig oder eine geeignete Transportbox. Ein verwundetes Huhn wird von seinen Kollegen häufig attackiert, also trennen Sie es in jedem Fall von den anderen Hühnern.
- Verwenden Sie im Krankenbett keine Einstreu, sondern ein glattes Baumwollhandtuch oder Küchenrolle. Einstreustücke könnten die offene Wunde verkleben und die Heilung verschlechtern.
- Sorgen Sie bei tieferen Verletzungen für Wärme von oben, etwa durch eine Wärmelampe. Gleichzeitig braucht das Huhn aber ausreichend Platz, um der Wärmequelle entgehen zu können, falls es genau diese nicht will. Ist es im Raum wärmer als 25 °C, können Sie die Wärmelampe weglassen. Falls das Huhn mit offenem Schnabel hechelt, ist ihm sowieso zu warm, und Sie sollten die Wärmelampe ebenfalls weglassen.
- Bieten Sie dem Huhn sofort Wasser an. Sie können den Schnabel auch in das Wasser tunken, aber mehr müssen Sie für die Wasseraufnahme nicht tun.
- Füttern Sie das Huhn nicht direkt nach dem Unfall – bei Schmerzen wird das Huhn erst einmal sowieso nicht fressen. Zwingen Sie ihm kein Futter auf. Nach ein paar Stunden können Sie ihm Rührei anbieten.
- Wenn die Wunde nur oberflächlich ist, waschen Sie sie vorsichtig mit warmem Wasser und einem sehr weichen Lappen (zum Beispiel einem Küchenlappen oder

Augen-Make-up-Entferner-Pads aus Microfleece) mit dreiprozentiger Wasserstoff-Peroxyd-Lösung oder Betaisadona-Lösung. Tupfen Sie die Wunde anschließend vorsichtig mit Küchenpapier trocken (Klopapier fusselt meistens zu sehr und hinterlässt kleine Zellulosestückchen auf oder in der Wunde). Sprühen Sie etwas pflanzliches Wundspray auf die Wunde oder geben Sie vorsichtig etwas Propolissalbe darauf (ein echtes Wundermittel).

- Versuchen Sie nicht, dem Huhn einen Verband oder ein Pflaster anzulegen: Beides hält nicht, stresst das Huhn und wird – falls man Verband oder Pflaster tatsächlich irgendwie befestigen kann – vom Vogel meistens gleich wieder abgerissen.
- Überprüfen Sie die Wunde mehrmals täglich. Wenn sie tiefer ist, müssen Sie sie mehrmals am Tag säubern. Entfernen Sie aber nicht die Krusten, die ein wichtiger Teil der Heilung und Neubildung der Wunde darstellen.

KOPFVERLETZUNGEN

Offene Wunden sehen fast immer fürchterlich aus, aber hier kommt wieder der raketenhafte Stoffwechsel der Hühner ins Spiel: Der sorgt nämlich dafür, dass Wunden auch schnell wieder heilen. Trotzdem müssen sie ernst genommen werden, denn wenn Keime in sie kommen, können sich unter der Kruste Abszesse bilden, die zu ernsthaften Erkrankungen führen.

Risse oder Hackwunden am Kopf, am Kamm oder an den Kehllappen sollten mit einem Mikrofasertuch und sauberem warmem Wasser gesäubert werden und dann vorsichtig dünn mit Manukahonig oder einer manukahonighaltigen Salbe bestrichen werden: Manuka wirkt durch den extrem hohen Gehalt von Methylglyoxal (kurz MGO) sehr stark antibakteriell, antiviral und antimykotisch. Denn Manuka entzieht der Wunde Wasser, sodass Keime sich nur schwer vermehren können.

MGO ist ein Zuckerabbauprodukt, das eine enorme antibakterielle Wirkung vor allem gegen Staphylokokken, die häufig Wundinfektionen auslösen, und Kolibakterien hat. Auch normaler Honig enthält MGO, der Unterschied liegt in der Menge: Während handelsüblicher Honig etwa ein bis zwei Milligramm MGO pro Kilogramm enthält, sind es bei Manukahonig 300 bis 800 Milligramm. Kein anderer Honig hat einen annähernd hohen Gehalt an MGO. Doch auch hier gibt es wie überall Qualitätsunterschiede. Deswegen wird der Gehalt von MGO auf der Verpackung von Manukahonig angegeben: Je größer die Zahl, desto mehr MGO ist enthalten. Manukahonig hilft übrigens auch hervorragend bei Menschen und anderen Tieren, sogar bei Magenschleimhautentzündung. Es lohnt sich, sich einmal mit seiner Wirkung zu beschäftigen.

AUGENENTZÜNDUNG

Hühner haben häufiger mal eine Bindehautentzündung, die durch Zugluft, Sand bzw. Staub im Auge oder durch Viren bzw. Bakterien (virulente Konjunktivitis) ausgelöst wird. Das Augenlid schwillt an, es kommt zu wässrigem bis grünem Augenausfluss, der leicht verkrustet und die Federn um das Auge herum verklebt. Diese Verklebungen animieren

Der Kamm ist gegen große Wunden nur schlecht geschützt, aber der ungeheuerliche Stoffwechsel von Hühnern lässt auch große Verletzungen meistens sehr schnell heilen. Mit einem feuchten Wattebausch die Wunde säubern und diese dann mit etwas Wundspray besprühen oder mit Manuka-Honig bestreichen.

die anderen Hühner leider häufig, am kranken Auge des Huhns zu picken, was im schlimmsten Fall zum Verlust des entzündeten Auges führen kann, weshalb man das augenkranke Huhn unbedingt von den anderen separieren sollte. Dazu kommt, dass Augenentzündungen auch für Hühner sehr unangenehm sein können und jucken oder brennen. Das betroffene Huhn versucht, das Auge zu kratzen, oder scheuert sich an irgendwelchen Kanten oder Gegenständen, was die Symptome noch verschlimmern kann.

Häufig treten Augenentzündungen bei Hühnern auch als Nebenerscheinung einer Erkältung auf, dann kommen dazu noch Niesen, Nasenausfluss und leises »Schnorcheln« durch die verstopften Nasenlöcher. Wenn man die Symptome nicht innerhalb von wenigen Tagen in den Griff bekommt, sollte man das Huhn dem Tierarzt vorstellen, um eine Nasennebenhöhlenentzündung ausschließen zu können.

Bei Küken treten Augenentzündungen meistens als Mangelerscheinung auf – vor allem,wenn der Futtermischung Vitamin A fehlt. Füttert man reichlich Grünfutter, Lebertran oder Möhren, verschwinden die Symptome schnell wieder.

ERSTE HILFE

Augenentzündungen kann man auch als Laie oberflächlich versorgen; sollten sich die Symptome aber nach wenigen Tagen noch nicht bessern, muss das Huhn einem Tierarzt vorgestellt werden.

- Separieren Sie das kranke Huhn von den anderen und bringen Sie es am besten in einem sauberen Käfig unter – zum einen, um es vor den anderen zu schützen, zum anderen, um die anderen Hühner vor einer möglichen Ansteckung zu bewahren.
- Lösen Sie mit einem feuchten Wattebausch oder Ohrenstäbchen die Verkrustungen um das Auge herum. NICHT reiben, damit der Schmutz nicht noch tiefer im Auge verteilt wird, sondern so lange tupfen, bis sich Schmutz und Krusten von selbst lösen.
- Spülen Sie das Auge mit einem Tee aus Euphrasia (Augentrost) oder einem mit kollodialem Silber getränkten Wattepad mehrmals täglich.
- Verwenden Sie keinen Kamillentee. Er wirkt stark adstringierend und trocknet das Auge aus, wodurch es noch weiter gereizt wird.
- Am zweiten Tag sollte bereits eine Besserung zu erkennen sein. Sobald das Auge wieder klar aussieht, darf das Huhn zurück in den Stall.

WURMBEFALL UND ENTWURMUNG

Das Thema ist mehr als fies, muss aber deshalb hier erst recht behandelt werden: Wer Hühner hält, kann einen zeitweisen Wurmbefall kaum verhindern. Denn wo Hühnerfutter ist, da sind auch Wildvögel. Die gute Nachricht ist: Endoparasiten, die Geflügel befallen können, sind nicht auf den Menschen übertragbar. Hühner haben üblicherweise in erster Linie mit Band-, Spul- und/oder Haarwürmern zu kämpfen.

SPULWÜRMER

Wenn man in Kotuntersuchungen Wurmeier findet, dann sind es meistens Spulwürmer.

Schon ein einziger weiblicher Wurm scheidet bis zu 240 000 Eier aus. Bei der Futtersuche werden über den Hühnerkot, mit dem Hühner beim Picken immer wieder in Berührung kommen, reife Eier aufgenommen.

Spulwürmer benötigen keinen Zwischenwirt und überleben auch im Freien jahrelang ohne Probleme – ein zeitweiser Spulwurmbefall lässt sich dementsprechend auch bei der penibelsten Hygieneeinhaltung kaum vermeiden. Innerhalb von ca. 50 Tagen entwickeln sich aus den Eiern im Dünndarm bereits geschlechtsreife Männchen (mit einer Größe von ca. 5 cm) und Weibchen (mit einer Größe von ca. 10 cm).

Ein starker Befall mit Spulwürmern führt zu braunem Durchfall, Abmagerung und in schlimmen Fällen durch Darmverschlüsse mit Wurmknäueln sogar zum Tod des Huhns. In den Eiern zeigen sich helle Dotter und/oder sogar Wurmeinschüsse.

BANDWÜRMER

Bei Hühnern findet man vor allem zwei Arten von Bandwürmern: *Davainea proglottina* und *Raillietina cesticullus.* Besonders der Erstere ist problematisch und muss unbedingt behandelt werden, sonst drohen Abmagerung und schließlich das Verenden der befallenen Hühner.

HAARWÜRMER

Eine Sorte der Haarwürmer wird über den Regenwurm übertragen (*Capillaria caudinflata*) und kann dementsprechend nur frei laufende Hühner befallen (oder solche, deren Besitzer ihnen bei der Gartenarbeit Regenwürmer ausstechen und servieren). Die andere Version, *Capillaria obsignata*, kommt auch bei Wildvögeln und Tauben vor und braucht keinen Zwischenwirt.

Haarwürmer schädigen die Darmwand, was beim Huhn zu massiver Abmagerung und Eiern mit auffällig blassen Eidottern führt. Ist der Haarwurmbefall massiv, sterben die Hühner gruppenweise.

MITTEL ZUR WURMBEKÄMPFUNG

Bei Hühnern und anderen Geflügelarten sind Flubenol®, Solubenol®, Panacur® und zur Prophylaxe bestimmte Mischungen aus Bitterkräutern wirksam. Bei frei laufenden Hühnern sollte man entweder regelmäßig den Hühnerkot (über drei Tage gesammelt) vom Tierarzt auf Würmer untersuchen lassen oder alle vier Monate eine Entwurmung nach Anweisung des Herstellers vornehmen.

Dosierung und Art der Anwendung:

- **Solubenol®** wird in einer Dosis von 1 g Medikament pro 70 kg Körpergewicht pro Tag über sieben Tage. Am einfachsten ist es, den Hühnern sieben Tage lang am Abend das Wasser wegzunehmen und morgens das Medikament in eine Wassermenge zu mischen, die während des Tages sicher aufgenommen wird. Weil die Hühner über Nacht nichts zu trinken hatten, werden sie morgens durstig sein und alle trinken, was die Aufnahme des Medikaments bei praktisch allen Hühnern sichert. Das Mittel ist sehr gut verträglich; selbst massive Überdosierungen bleiben ohne Folgen. Keine Wartezeit für Eier.
- **Flubenol®** wird üblicherweise unter das Futter gemischt – in einer Dosierung von 28,6 mg »Flubenol 50 mg« pro kg Körpergewicht am Tag und über eine Dauer von sieben Tagen. Keine Wartezeit für Eier.

Abszesse an Füßen schwellen meistens stark an und entzünden sich schnell. Sie sind sehr schmerzhaft und können sich auf den ganzen Hühnerorganismus auswirken. Der Abszess muss geöffnet und mit Zugsalbe behandelt werden, das Huhn sollte separiert und verbunden werden.

- **Wurmformeln aus Bitterkräutern:** Es gibt von verschiedenen Anbietern Mischungen aus sogenannten Bitterkräutern, die bei Hühnern als Einmalgabe als natürliches Mittel Darmparasiten »vertreiben« (zum Beispiel »Wurm-Adieu« von Leyen oder »Wurm-Formel« von AniForte). Sie kreieren im Darm ein so ungastliches Milieu für Parasiten, dass diese sich lieber nicht niederlassen bzw. zusehen, dass sie den unwirtlichen Darm auf schnellstem Wege verlassen. Ich selbst setze diese Kräutermischungen seit Jahren zweimal monatlich ein und habe seither keinerlei Wurmbefall in meinen Beständen. **Anwendung:** 10 g unter 1 kg Futter mischen. Bei akutem Befall eine Gabe nach zehn Tagen wiederholen. Für einen Langzeitschutz ein- bis zweimal monatlich einsetzen. Keine Wartezeit für Eier.

BALLENABSZESS

Ballenabszesse sind für ein Huhn äußerst schmerzhaft und sorgen häufig dafür, dass es sich kaum noch bewegt. Unbehandelt können sie sogar zum Tod führen, weil sich die eitrige Entzündung auf den ganzen Organismus des Huhns auswirkt. Ballenabszesse entwickeln sich aus winzigen Verletzungen an der Unterseite des Fußes oder zwischen den Zehen durch festgeklemmte Steinchen, Splitter von den Sitzstangen, einer Bruchlandung aus großer Höhe oder Entzündungen durch schmutzige Einstreu. An der kleinen Wunde dringen dann Bakterien ein und führen zuerst zu einer starken Schwellung, dann zu einem eitrigen Abszess.

Man erkennt den Ballenabszess an einer Schwellung oder Rötung an der Unterseite des Fußes und an dunklem Schorf an der Wunde. Bei fortgeschritteneren Abszessen steht das Huhn häufig in Schonhaltung oder lahmt beim Gehen stark.

BEHANDLUNG VON BALLENABSZESSEN

Prinzipiell muss der Abszess geöffnet und der Eiter entfernt werden. Zuerst einmal sollte man aber versuchen, die Wunde mit Zugsalbe zu öffnen. Hierzu baden Sie den betroffenen Fuß in einem Fußbad mit handwarmem Wasser mit Betaisadona-Lösung. Anschließend legen Sie einen Verband mit Zugsalbe an (zum Beispiel Ichtholan®). Die Salbe wird auf einer kleinen Kompresse auf dem Ballen angebracht, anschließend muss der Fuß mit einer selbsthaftenden Bandage (aus der Apotheke in vielen bunten Farben, aber bitte nicht in Rot, weil die Hühner ständig an rote Stellen picken) angebracht. Dieser Verband muss zwingend alle zwei Tage gewechselt werden.

Damit der Verband nicht nass wird, ist es am besten, das kranke Huhn während der Dauer der Behandlung in einem großen Käfig zu halten, weil Sie auf diese Weise gleich erkennen können, ob der Verband feucht wird oder das Huhn versucht, ihn abzulösen.

Geben Sie täglich Traumeel® ins Trinkwasser. Wenn sich der Schorf an der Wunde nach ein paar Tagen ablöst, muss der Eiter aus dem Abszess gedrückt werden. Anschließend den Fuß wieder gründlich im handwarmen Betaisadona-Bad säubern und erneut verbinden.

Bei Anzeichen von Entzündung, Schmerzen oder bei scharfem Geruch aus der Wunde

müssen Sie sofort den Tierarzt aufsuchen, denn in diesem Fall ist wahrscheinlich die Gabe von Antibiotika notwendig.
Lässt sich der Abszess mithilfe der Zugsalbe nicht öffnen, muss er vom Tierarzt aufgeschnitten werden. Auch in diesem Fall ist wahrscheinlich anschließend der Einsatz von Antibiotika sinnvoll.

KALKBEINE

Bei frei laufenden Hühnern sieht man manchmal weiße, borkige Verkrustungen an Beinen und Füßen: Ein sicherer Hinweis auf einen Befall mit sogenannten Kalkbeinmilben (*Knemidocoptes mutans*) oder Fußräudemilben. Diese setzen sich unter die Hautschuppen an den Beinen und legen dort ihre Eier, was zu juckenden und schmerzhaften Entzündungen führt. Hühner mit befederten Füßen sind deutlich anfälliger für Kalkbeinmilben als Hühner mit »normalen« unbefiederten Beinen. Bei sehr schwerem Befall, den man bereits seit Wochen übersehen hat, sollten die Beine des betroffenen Huhns in warmer Seifenlauge (Grüne Seife oder Schmierseife) eingeweicht werden. Anschließend massiert man die Beine mit leichtem Druck mit Kriechölen wie »Ballistol Animal«, Vaseline oder verflüssigtem, also erwärmtem Kokosöl. Während Sie das Öl einreiben, können Sie versuchen, die durch das warme Bad aufgeweichten Krusten behutsam zu entfernen. Dadurch wird bereits ein gewisser Anteil der Milben entfernt, die Haut wird belüftet und die Öle können leichter auf die belastete Haut einwirken, während die Fette die Atemwege der Milben verschließen und auf diese Weise abtöten.
Reiben Sie die Beine der betroffenen Hühner alle zwei Tage ein, bis die Krusten alle entfernt oder abgefallen sind. Üblicherweise dauert das zehn Tage bis zwei Wochen. Zusätzlich kann helfen, auch die Sitzstangen mit Öl einzupinseln.
Achtung: Früher tunkte man bei Kalkbeinen die Hühnerbeine in medizinischen Alkohol, Benzin oder Petroleum. Diese Behandlungen sind nicht nur für die Atemwege sehr schädlich, sondern sehr schmerzhaft, falls die Hühner durch die Milben offene Wunden an den Beinen haben. Bitte versuchen Sie derlei nicht.

LEGEDARM- ODER KLOAKENVORFALL

Die Kloake des Huhns – der Teil des Darms, aus dem der Kot wie auch das Ei ausgeschieden werden – sollte immer sauber und rosa sein. Schwellungen oder Ausstülpungen der Schleimhaut sind meistens ein Hinweis auf einen sogenannten Kloaken- oder Legedarmvorfall (auch Prolaps genannt).
Für einen Legedarmvorfall gibt es unterschiedliche Ursachen: Meistens passiert er, wenn eine Henne ein zu großes Ei legt und die Kloake überdehnt wird.
Früher wurden Hühner mit Prolaps meistens eingeschläfert, dafür gibt es aber gar keinen Grund. Ein Legedarmvorfall ist ein rein muskuläres Problem (evtl. mit ein paar Nebenerscheinungen), aber leicht behandelbar und auch so, dass das Huhn nach seiner Wiederherstellung wieder Eier legen kann.
Ist die Umgebung der Kloake stark verschmutzt, baden Sie das Huhn zuerst in einer Schüssel mit warmem Wasser mit einem mil-

den Shampoo, bis die Kloake sauber ist. Entfernen Sie gegebenenfalls mit Kot verklebte Federn mit einer Schere.

Wenn keine akute Entzündung zu sehen ist, ziehen Sie Einmalhandschuhe an, reiben die vorgestülpte Kloake vorsichtig mit Vaseline, Melkfett oder Kokosöl ein und drücken die ausgestülpte Schleimhaut vorsichtig mit dem Zeigefinger zurück nach innen. Anschließend muss die Muskulatur trainiert werden. Hierfür gibt es zwei Möglichkeiten: Sie kühlen abgekochtes Wasser im Gefrierfach auf Eiseskälte herunter und spritzen es mit einer Spritze (ohne Nadel, natürlich) dreimal hintereinander in die Kloake. Auf diese Weise zieht das Huhn die Kloakenmuskulatur zusammen und trainiert sie dadurch. Ich habe in Silikonmatten für Gebäck sehr kleine runde Eiswürfel hergestellt und dem jeweiligen Huhn einen runden Eiswürfel (wirklich ohne jegliche Kanten, um den Darm nicht zu verletzen) in die Kloake gesteckt, was den gleichen Trainingseffekt hatte. Beide Varianten zweimal täglich so lange fortsetzen, bis der Legedarm von alleine wieder drinbleibt, was manchmal nur wenige Tage, manchmal allerdings auch mehrere Wochen dauern kann. Abschließend den Bereich der Kloake mit Zinkspray besprühen. Das Huhn muss bis zur vollständigen Genesung von den anderen Hühnern getrennt werden, damit diese die rot leuchtende Kloake nicht aufpicken.

VERSTOPFUNG

Wenn sich in der Kloake trockener, verdickter Kot angesammelt hat, verursacht dies beim Huhn schnell Teilnahmslosigkeit und Erschöpfung. Im schlimmsten Fall kann Verstopfung beim Huhn kann sogar zum Tod führen, was den Hühnerbesitzer oft ratlos zurücklässt, weil vorher so gar keine Anzeichen für das plötzliche Ableben zu sehen waren.

Verstopfung kann durch eine träge Verdauung oder unverdauliche Stoffe (beispielsweise aufgenommene Plastikteilchen) verursacht werden – oder wenn das Huhn zu wenig Magenkiesel gefunden hat, die zur Zerkleinerung des Futters im Magen lebensnotwendig sind (siehe auch Seite 116–117). Auch zu wenig Wasser kann bei hauptsächlicher Körnerfütterung Verstopfung verursachen, ganz besonders bei heißem Wetter. In diesem Fall kommt es meistens schon im Kropf zur Verstopfung, wodurch ein Weitertransport der Nahrung in den Magen verhindert wird. Achten Sie daher gerade im Sommer auf ausreichend und stets gefüllte Wassernäpfe. Eine nach Durchfall verklebte Kloake oder schwerer Parasitenbefall können ebenfalls zu Verstopfung führen.

Frisches Grünfutter (im Winter Salat) regt die Verdauung an. Auch aufgekochter Leinsamen, gequollene Chia-Samen, Flohsamen (ihn kann man auch als Pulver über das Futter geben) und Öle erhöhen die Darmtätigkeit und die »Gleitfähigkeit« des Kots. In hartnäckigen Fällen können Aloe-Extrakt bzw. pro Huhn 5 ml Lein- oder Rapsöl oder einmal 1 TL Rizinusöl in aufgekochter Kleie als Abführmittel gegeben werden.

Achtung: Abführmittel sind nicht für chronische Zustände geeignet, sondern sollen immer nur einmalig angewendet werden. Bei chronischen Zuständen immer den Tierarzt hinzuziehen, um herauszufinden, was dahintersteckt.

LEGENOT

Die sogenannte Legenot ist ein ernst zu nehmendes Problem, das durch genetische Prädisposition oder zu viel Kalzium in der Nahrung hervorgerufen wird. Auch das Alter des Huhns kann eine Rolle spielen, ebenso Verwurmung oder schlechtes Futter.

Legenot bedeutet, dass eine Henne versucht ein Ei zu legen, das aber partout nicht herauskommen will. Der Henne geht es zunehmend schlechter, sie liegt meistens mit geschlossenen Augen aufgeplustert auf dem Boden und häufig kann man beobachten, dass ihr Schwanzgefieder auf und ab pumpt bei dem verzweifelten Versuch, ein Ei zu legen. Wenn man den Unterleib abtastet, kann man das Ei deutlich spüren.

Wenn das Ei nicht innerhalb von 48 Stunden herausgelöst wird, wird die Henne sterben. Setzen Sie das Huhn mit Legenot daher für etwa 20 Minuten in eine Plastikschüssel mit warmem Wasser und Epsomsalz (Sie werden sich wundern, dass Ihr Huhn das Bad als angenehm empfindet). Anschließend föhnen Sie das Huhn auf niedrigster Stufe (und auch das scheinen Hühner sehr angenehm zu finden, wie ich von verschiedenen Po-Wasch-Veranstaltungen mit meinen Seidenhühnern weiß, die tiefenentspannt mit geschlossenen Augen auf dem behandtuchten Schoß sitzen bleiben). Anschließend verteilen Sie etwas Speiseöl auf der Kloake der Henne und massieren vorsichtig den Unterleib.

Wichtig: Behandeln Sie das Huhn mit großer Vorsicht, damit das Ei in ihm nicht zerbricht. Das würde weitere Infektionen, eine Bauchfellentzündung oder möglicherweise sogar den Tod auslösen.

Setzen Sie die Henne anschließend in eine Transportbox oder einen Meerschweinchenkäfig in einen ruhigen, abgedunkelten Raum auf ein möglichst warmes Handtuch (zum Beispiel aus dem Wäschetrockner) und legen Sie ein Tuch oder Handtuch über den Käfig. Mit einer Pipette oder einer Spritze (ohne Nadel) geben Sie ihr 1 ml flüssiges Kalzium in den Schnabel. Verteilen Sie ein paar Zweige frischen Lavendel im Käfig oder versprühen Sie etwas ätherisches Lavendelöl vermischt mit Wasser im Raum und lassen Sie die Henne dann in Ruhe.

Wenn Sie das Gefühl haben, der Käfig/die Transportbox regt sie umso mehr auf, setzen Sie sie lieber in eines der Legenester im Stall: Das Wichtigste in diesem Fall ist ein entspanntes Huhn.

Wiederholen Sie das Sitzbad und die Massage jede Stunde, bis die Henne endlich ihr Ei legen kann. Wenn sie es nach mehreren eindeutigen Versuchen nicht schafft, erhöhen Sie die Wärme mithilfe einer Wärmelampe und nutzen einen Luftbefeuchter in der Nähe des Käfigs/der Transportbox.

Als letzte Möglichkeit sollten Sie einen Tierarzt aufsuchen – sofern dieser hühnererfahren ist. Als letzte Möglichkeit deshalb, weil die Fahrt im Auto, der Besuch in der Praxis und die fremden Hände genau das Gegenteil dessen sind, was üblicherweise bei Legenot hilft: totale Entspannung.

Um den Schnabel zu öffnen, setzt man das Huhn möglichst entspannt auf den Schoß und drückt mit Daumen und Zeigefinger seitlich auf den Schnabel-»Winkel«. Dadurch öffnet sich der Schnabel und man kann dem Huhn leicht mit einer Spritze (ohne Nadel!) das jeweilige Medikament oder Mittel einflößen.

DURCHFALL

Durchfall kommt bei Hühnern häufiger vor und kann ganz unterschiedliche Ursachen haben – von einem harmlosen Fütterungsfehler bzw. einer Futterumstellung bis hin zu einer ernsten Infektionskrankheit oder einem Befall durch Parasiten. Bevor Sie den Durchfall gezielt behandeln können, ist es daher wichtig, erst einmal die genaue Ursache zu klären. Hier ist Ihr Spürsinn gefragt.

Bei Hühnern wie bei allen anderen Lebewesen auch zeigt sich Durchfall in Form von dünnflüssigen oder wässrigen Ausscheidungen, die farblich von schaumig gelb über flüssig senffarben bis zu hellwässrig klar variieren können.

Am häufigsten wird Durchfall durch Fütterungsfehler ausgelöst. Zu große Mengen safthaltiges Futter (grüner Salat, Äpfel, Pflaumen oder Birnen) können zu Durchfällen führen, besonders wenn der Darm (etwa im Winter) größere Mengen frischer Nahrungsmittel nicht (mehr) gewohnt ist. Auch größere Mengen von Milchprodukten können bei Hühnern, die keine Laktase produzieren können und sich mit der Verdauung von Milchprodukten eher schwertun, Durchfall auslösen. In diesen Fällen stellen Sie die Fütterung um bzw. warten ab, dass sich die Verdauung wieder normalisiert. Unterstützen Sie die Hühner derweil mit Probiotikapulver als Beigabe zum Körnerfutter, um wieder eine gesunde Darmflora herzustellen. Außerdem sollten Sie dem Futter sofort frischen oder getrockneten Oregano hinzufügen.

MÖHRENSUPPE NACH DR. MORO

Ein grundsätzlich zu empfehlendes, einfaches und kostengünstiges Mittel gegen akute Durchfälle ist in jedem Fall – Fütterungsfehler oder Parasiten hin oder her – die Moro'sche Möhrensuppe.

Die Moro'sche Möhrensuppe wird seit über einem Jahrhundert erfolgreich bei Menschen

Die Moro'sche Möhrensuppe ist ein berühmtes und hochwirksames Hausmittel, das um die Wende des 19. Jahrhunderts von dem Kinderarzt Dr. Moro zur Behandlung einer Durchfallepidemie bei Kleinkindern erfunden wurde.

und Haustieren eingesetzt. Als Heilmittel wurde sie vom Heidelberger Kinderarzt Professor Ernst Moro, der im Jahre 1900 auch als Erster den *Lactobacillus acidophilus* beschrieb, entdeckt und nach ihm benannt. Er verordnete sie seit 1908 seinen jungen Patienten und konnte damit die Sterbe- und Komplikationsrate von Kindern mit Durchfallerkrankungen drastisch senken.
Professor Moro hatte entdeckt, dass beim überlangen Kochen von Möhren kleinste Zuckermoleküle entstehen, sogenannte Oligosaccharide, die den Rezeptoren der Darmschleimhaut zum Verwechseln ähnlich sind. Dadurch können die Bakterien statt an der Darmwand an den Zuckermolekülen andocken und einfach ausgeschieden werden.

Das brauchen Sie für die Dr.-Moro-Suppe:

- *500 g geschälte Möhren*
- *3 g Salz*

Lassen Sie die Möhren in 1 l Wasser mindesten 1,5 Std. köcheln. Anschließend pürieren Sie die Möhren mit dem Kochwasser, füllen den Brei noch einmal mit 1 l gekochtem Wasser auf und fügen das Salz hinzu. Vor dem Füttern abkühlen lassen.
Hühner nehmen die Suppe üblicherweise gerne an (immerhin ist Rot ihre Lieblingsfarbe!). Die Darmschleimhaut kommt zur Ruhe, die Entzündung klingt ab und in den meisten Fällen verschwindet der Durchfall ohne die Gabe von Antibiotika, die ihrerseits als Nebenwirkung wiederum die Darmflora kaputt machen, weil sie nicht nur die schlechten, sondern auch alle guten Bakterien killen (weshalb man nach der Gabe von Antibiotika grundsätzlich die Darmflora mit Probiotika wieder aufbauen sollte).

Wichtiger Hinweis: Hausmittel können zu einem frühen Zeitpunkt der Infektion bzw. der Dysbakteriose häufig sehr gut helfen. Ist der Zustand der Tiere allerdings schon schlecht, sollte umgehend der Kontakt zum Geflügeltierarzt aufgenommen werden, damit er über den weiteren Verlauf der Behandlung entscheiden kann.

KOKZIDIEN

Kokzidien sorgen bei Hühnern schnell für blutigen Durchfall und müssen vom Tierarzt chemisch behandelt werden. Kokzidiose wird von einzelligen Parasiten, den sogenannten Eimeria-Arten, verursacht. Je nach Geflügelart unterscheidet man unterschiedliche Eimeria, denn die Einzeller sind sehr wirtsspezifisch. Will heißen: Kokzidien einer Pute können keine Probleme bei Hühnern oder Wachteln verursachen – und umgekehrt.
Die Infektion erfolgt durch Aufnahme sporulierter Oozysten aus dem Kot bzw. der Einstreu oder dem Auslauf. Außerdem kann die Aufnahme von kotverschmiertem Wasser und Futter zur Infektion führen.
Im Dünndarm werden dann die Sporozoiten freigesetzt, die die Darmschleimhaut besiedeln – und dann geht der Spaß richtig los: Innerhalb von sechs Tagen erfolgt die Vermehrung über mehrere Generationen. Aus einer einzigen Oozyste können auf diese Weise mehrere Hunderttausend Kokzidien entstehen. Je nach Eimeria-Art findet eine mehr oder weniger starke Darmschädigung statt. Daher sieht man häufig blutigen, schleimigen Kot. Die unsporulierten Oozysten werden dann ausgeschieden und mithilfe von Sauerstoff

kommt es zur Sporulation in der Außenwelt. Das funktioniert besonders gut bei feuchter Umgebung und Temperaturen ab 15 °C.

Im Auslauf können Kokzidien Monate bis Jahre im Erdboden bleiben und egal, ob im Stall oder bei Freilandhaltung, immer über sämtliche Überträger (Tiere, Gegenstände, Menschen) verschleppt werden. Das bedeutet: Wo Geflügel ist, da gibt es auch Kokzidien. Im Laufe seines Lebens findet bei jedem Tier irgendwann eine Kokzidieninfektion statt. Das führt allerdings nicht prinzipiell zu einem Problem, sondern sorgt durch eine ständige Re-Infektion auch zu einem hervorragenden Immuntraining. Sehr häufig sind Jungtiere im Alter von drei bis sechs Wochen betroffen, weil deren Immunsystem noch nicht ausreichend ausgebildet ist.

Gründe für eine ernst zu nehmende Kokzidiose sind ein feuchter Stall und/oder Auslauf und (Stall-)Bodenhaltung mit ständigem Kontakt zum Kot in der Einstreu. Beides kann einen massiven Anstieg von Kokzidien in der Hühnerschar auslösen.

BEHANDLUNG VON KOKZIDIEN

Wie alle akuten Durchfallerkrankungen sind besonders junge Tiere gefährdet, weil sie an dem massiven Flüssigkeitsverlust sterben können. Darüber hinaus kann es aufgrund des geschwächten Immunsystems zu Sekundärerkrankungen kommen. Der Tierarzt braucht Kotproben, um den sogenannten Erregerdruck untersuchen zu können (gegebenenfalls in einem geeigneten Labor). Der Stall muss umgehend mit besonderen Desinfektionsmitteln gegen Kokzidien gereinigt und desinfiziert werden, um den Erregerdruck in Griff zu bekommen.

PROPHYLAXE

- Reinigen Sie täglich das Kotbrett bzw. den Bereich unter den Sitzstangen.
- Fegen Sie wöchentlich den Stall aus und harken Sie den Auslauf aus.
- Reinigen und desinfizieren Sie den Stall vor jeder Junghenneneinstallung, vor jeder »Naturbrutsaison«, mindestens aber zweimal im Jahr komplett.
- Setzen Sie auf Oregano (frisch oder getrocknet), dem eine gute Wirkung gegen Kokzidien nachgesagt wird: als Trinkwasserzusatz, als Öl über das Futter oder frisch oder getrocknet im Futter.

HISTOMONADEN

Histomonaden (*Histomonas meleagridis*) oder Schwarzkopfkrankheit sind Erreger, die bei allen Hühnervögeln vorkommen können. Sie werden meistens durch Regenwürmer als Stapelwirte aufgenommen, aber auch außerhalb des Regenwurms können Histomonaden in Wurmeiern in feuchtem Boden bis zu zwei Jahre überleben.

Histomonaden haben eine Inkubationszeit von 10 bis 14 Tagen. Die betroffenen Hühner sitzen mit geschlossenen Augen und völlig apathisch meistens auf dem Boden, haben struppige Federn und setzen schwefelgelben Kot bzw. Durchfall ab. Weitere typische Zeichen für einen Histomonadenbefall sind:

- Die Hühner fressen so gut wie gar nichts mehr und sind ganz still.
- Grüner, wässriger Durchfall
- Kopfdrehen
- Nach-Luft-Schnappen mit geöffnetem Schnabel

- Die Köpfe sind dick.
- Ständer oder Kämme sind bläulich.
- Die Legeleistung bricht deutlich ein.
- Innerhalb von 24 Stunden sterben drei Tiere oder auch mehr (gilt, wenn Sie weniger als 100 Tiere halten).

Die Absicherung der Diagnose sollte unbedingt durch eine PCR-Untersuchung in einem geflügelerfahrenen Labor erfolgen.
Bei Hobbyhühnern kann gegen die Erreger eine Behandlung mit Imidazolen durchgeführt werden. Bei Betrieben, deren Eier oder Hühnerfleisch für den menschlichen Verzehr bestimmt sind, ist das leider verboten, in der EU und der Schweiz sind für diesen Fall keine Medikamente zugelassen.

Begleitende Maßnahmen sind sehr aufwendig, allerdings häufig entscheidend für den Erfolg der Behandlung und der Vermeidung einer Re-Infizierung. Dazu gehören:

- Tägliches Ausmisten und Einstreuen, um den infektiösen Kot zu entfernen.
- Einen neuen Auslauf einrichten, der alte sollte die nächsten zwei Jahre nicht genutzt werden.
- Im alten Auslauf die oberste Erdschicht entfernen.
- Hühner in einem neuen Stall unterbringen.
- Trennung der Tiere nach Altersgruppen, weil Junghühner und Küken am stärksten betroffen sind.
- Tägliche Zugabe von Oregano im Futter (antibiotische Wirkung).
- Tägliche Gabe von Probiotika, um die Darmflora aufzubauen und das Immunsystem zu stärken.

Typische Zeichen für einen Histomonadenbefall bei Hühnern sind:

- Die Hühner fressen so gut wie gar nichts mehr und sind ganz still.
- Sie haben grünen, wässrigen Durchfall.
- Kopfdrehen
- Sie schnappen mit geöffnetem Schnabel nach Luft.
- Die Köpfe sind dick.
- Ständer oder Kämme sind bläulich.
- Die Legeleistung der Hühner bricht deutlich ein.
- Innerhalb von 24 Stunden sterben drei Tiere oder auch mehr (gilt, wenn Sie weniger als 100 Tiere halten).

PROPHYLAXE

Zur Prophylaxe gegen Histomonaden gehört neben guter Stallhygiene das regelmäßige Entwurmen – monatlich mit Bitterkräutern, halbjährlich mit einer Wurmkur vom Tierarzt.

Oreganoöl selbst herstellen

300 g Oregano trocknen und mit 0,7 l warmem Raps- oder Sonnenblumenöl vermischen. Das Öl in eine Flasche füllen und ca. drei Wochen an einem warmen Ort ziehen lassen, zwischendurch immer wieder mal schütteln. Anschließend kann man das Öl teelöffelweise über das Futter oder ins Trinkwasser geben.

Üblicherweise werden diese Mittel über das Trinkwasser verabreicht, indem man das Wasser am Abend aus dem Stall entfernt und den Hühnern am nächsten Morgen neues, mit dem entsprechenden Medikament vermischtes Trinkwasser anbietet. Weil Hühner über Nacht großen Durst bekommen, kann man auf diese Weise sicherstellen, gleich morgens wirklich alle Hühner »durchzuimpfen«.

VOGELGRIPPE/ GEFLÜGELPEST

Die Vogelgrippe (aviäre Influenza) bezeichnet in erster Linie eine Erkrankung durch Influenza-A-Viren bei Vögeln. Wasserzugvögel bringen diese Krankheit aus anderen Ländern mit, weshalb die Verbreitung in Gegenden mit sehr viel Wasser deutlich höher ist. Eine Infektion von Menschen oder Heimtieren wie Hund und Katze durch Wildvögel ist äußerst unwahrscheinlich.

Vogelinfluenzaviren oder aviäre Influenzaviren werden in der Tiermedizin in sogenannte niedrig pathogene (wenig krank machende) und hoch pathogene (sehr stark krank machende) Influenzaviren unterteilt. Die hoch pathogenen aviären Influenza-A-Viren der Subtypen H5 und H7 können bei Nutzgeflügel, insbesondere bei Hühnern und Puten (Hühnerartige), zu schweren Schäden in den Tierbeständen führen, weil ein Großteil des infizierten Geflügels an der Krankheit verendet. Daher kommt auch der Begriff »Geflügelpest«, der eine besonders schwere Form der Vogelgrippe meint, die hoch ansteckend und immer tödlich für die Vögel (und Hühner) ist. Bei Geflügel vorkommende Influenza-A-Viren können auch Erkrankungen bei Menschen hervorrufen und werden dann auch als Vogelgrippe bezeichnet. Die Übertragung von Vogelinfluenzaviren vom Tier auf den Menschen ist allerdings nicht sehr infektiös. Im Fall einer solchen Infektion kann es jedoch auch zu schweren Erkrankungen kommen.

Wer seine Hühner angemeldet hat (und das ist eben aufgrund von solchen auftretenden Seuchen Pflicht), bekommt beim Ausbruch der Geflügelpest im Landkreis üblicherweise Post vom Landratsamt. Manche Landratsämter machen es sich aber leicht und setzen einfach ein PDF auf ihre Webseite – in der Hoffnung, dass sich die schlechte Botschaft von alleine verbreitet oder Journalisten die Geschichte aufgreifen und in den Tages- oder Wochenzeitungen darüber berichten.

Wichtig ist das vor allem, weil beim Auftreten der Vogelgrippe vom Landratsamt die sogenannte Stallpflicht verhängt wird. Das bedeutet, dass Hühner, Enten, Puten, Pfauen etc. 24/7 im Stall gehalten werden müssen bzw. buchstäblich so »unter Verschluss«, dass sie nicht in Kontakt mit Wildvögeln und/oder deren Kot kommen können. Über diesen werden die Viren nämlich verbreitet. Das bedeutet: Wer keinen Stall hat, der groß genug ist, um die Tiere darin mit ausreichend Platz halten zu können, muss eine ausreichend große Voliere bauen, die mit einem Dach oder einer Folie nach oben hin gesichert ist, sodass kein Wildvogelkot hineingelangen kann.

SYMPTOME DER HOCHPATHOGENEN GEFLÜGELPEST

- Plötzliches Abfallen der Legeleistung (nicht zu verwechseln mit abfallender Legeleistung im Winter wegen weniger Tageslicht).

- Die Hühner fressen so gut wie nichts mehr und sind sehr still.
- Starker Gewichtsverlust
- Apathisches Verhalten
- Grüner, wässriger Durchfall
- Atemnot (Schnabel öffnen und nach Luft schnappen)
- Bläuliche Ständer oder Kämme
- Ödeme im Kropfbereich
- Innerhalb von 24 Stunden sterben drei Tiere oder mehr (wenn Sie weniger als 100 Hühner halten).

Wer derlei Symptome bei seinen Hühnern feststellt, muss sofort den zuständigen Amtsveterinär verständigen (Kontakt über das Landratsamt) und die Fälle melden. Die Influenza ist eine anzeigepflichtige Tierseuche. Leider werden dann alle Hühner im Bestand gekeult – aber sie würden sowieso sterben, denn die Influenza ist hochgradig ansteckend. Wenn Sie einen Befall Ihres Bestands verschweigen oder Ihre Tiere frei laufend erwischt werden – und es gibt leider immer wieder Leute, die deshalb Hühnerhalter anzeigen –, kommt es zu hohen Geldstrafen. Und nein, man kann sich nicht damit herausreden, dass man nicht wusste, dass Stallpflicht herrscht. Unwissenheit schützt vor Strafe nicht, wie wir wissen. Die Stallpflicht gilt so lange, bis die Landratsämter der Meinung sind, die akute Phase sei vorbei – allerdings gab es bisher nur sehr selten eine Stallpflicht, die weniger als vier Monate gedauert hat.

MASSNAHMEN WÄHREND DER VOGELGRIPPE

Wenn Sie in einer betroffenen Gegend wohnen, betreten Sie Ihren Stall nur noch mit Extraschuhen, die Sie vor dem Stall anziehen, damit auf keinen Fall Wildvogelkot in den Stall gelangen kann.

Das Friedrich-Löffler-Institut empfiehlt folgende Maßnahmen:

- Hände vor und nach dem Verlassen des Stalls bzw. Auslaufs waschen.
- Desinfektionswanne zum Desinfizieren der Schuhe bereitstellen.
- Hühnerfutter und Tränke im Stall bereitstellen und nur Leitungswasser geben – kein Regenwasser aus der Tonne.
- Futter, Einstreu und alle anderen Dinge, mit denen die Hühner in Kontakt kommen, so aufbewahren, dass sie für Wildvögel unzugänglich sind.
- Kein Zutritt für stallfremde Personen.
- Haustiere wie Hunde und Katzen nach Möglichkeit fernhalten, denn auch sie können das Virus übertragen (wenn auch nicht daran erkranken).
- Hygienemaßnahmen (tägliches Ausmisten) erhöhen.
- Im Stall und in der Voliere für Abwechslung sorgen (wie das gehen kann, verrate ich Ihnen ab Seite 228).

HÜHNERN DIE STALLPFLICHT ERLEICHTERN

Leider wirkt sich die Stallpflicht auch auf die Psyche und die Physis der Hühner aus – vor allem, wenn sie vorher Freilauf gewohnt waren. Je dichter die Hühner während der Stallpflicht aufeinandersitzen, desto höher ist zudem automatisch die Verschmutzung durch Hühnerkot und damit auch der Keimdruck. Will heißen: Mehr Hühnerkot auf wenig Raum ist ein idealer Nährboden für ungesunde Bakterien. Wenn Sie keine Möglichkeit haben, eine stabile Holzvoliere zu bauen (oder bauen zu lassen), können Sie sich mit einem temporären Tomatengewächshaus, einem Party-Gartenpavillon oder einem Gehege zum Zusammenstecken behelfen, die Sie mit Heringen oder langen Erdnägeln gegen starken Wind sichern. Im Herbst und Winter würde es ausreichen, das Ganze mit Folie zu sichern. Sobald die Temperaturen allerdings sommerlich werden, wird es unter der Folie zu warm. Je nachdem, wie stabil das Konstrukt ist, können Sie es dann mit Hühnerdraht oder Netzen ummanteln, die so engmaschig sind, dass keine Wildvögel hineinfliegen können, und das Dach mit undurchlässigen Planen sichern, damit kein Vogelkot in die Voliere gelangen kann. Den Zugang vom Stall zu einem solchen provisorischen Gehege können Sie mithilfe von Pflanztunneln herstellen, die sich leicht mit Planen oder Folien ummanteln lassen. Die Hühner fühlen sich geschützt und nutzen diese Tunnel gerne.

Darüber hinaus gilt:

- Harken Sie das Gehege täglich um und entfernen Sie den gröbsten Dreck.
- Entfernen Sie übrig gebliebenes/nicht aufgefressenes/gammeliges Gemüse und Obst aus dem Gehege.
- Graben Sie immer wieder den verdichteten Boden um, damit die Hühner weiterhin scharren und buddeln können – nur lockere Erde lädt zum Scharren ein, außerdem vermindert Umgraben den Keimdruck.
- Füttern Sie vermehrt entzündungshemmende Kräuter und geben Sie regelmäßig Kräutertees, um die Abwehrkräfte Ihrer Hühner zu unterstützen.
- Wenn Sie gar keine Möglichkeit für ein temporäres Gehege haben, können Sie Ihre Hühner vielleicht auch für ein paar Monate in der Garage unterbringen (sofern die Garage ein Fenster hat und Sie Ihr Auto für eine Weile ausquartieren können). Bringen Sie großzügig Einstreu auf dem Boden aus und verwandeln Sie den Raum mit Legenestern und Stangen in ein geeignetes Hühnerhotel.

HÜHNER BESCHÄFTIGEN

Hühner, die viel Zeit im Gehege verbringen müssen, langweilen sich schnell – weil sie, wie wir wissen, viel schlauer sind, als man allgemein denkt. In Zeiten der Stallpflicht, wenn man die Herrschaften nicht einmal stundenweise im Freien herumlaufen lassen darf, muss man sie erst recht unterhalten.

Hier ein paar Ideen:

- Legen Sie im Gehege einen Komposthaufen an – am besten mithilfe eines Fertig-Kompostgitters aus Holz zum Zusammenstecken aus dem Gartenbedarf oder Bauhaus. So haben die Hühner noch mehr zu scharren und zu tun.
- Ein weitere gute Beschäftigungsmöglichkeit ist es, Fressbares so aufzuhängen, dass die Hühner etwas arbeiten müssen, um an die Leckerbissen zu kommen. Spießen Sie zum Beispiel Melonen- oder Apfelhälften auf Äste und hängen Sie diese so in der Voliere auf, dass die Hühner erst einmal über weitere Äste klettern müssen, um an das Obst heranzukommen. Viele Hühner lieben sogar komplette rohe Möhren, die man einkerbt und mit einem Draht am Gitter der Voliere befestigt – so, dass sie nicht schwingen, was die Hühner irritiert, sondern ganz gezielt zerpickt werden können.
- Hängen Sie in einem Drahtkorb Rucola, Babyspinat oder Pflücksalat auf. Wenn Sie

Ein solcher Futterball lässt sich vielfältig einsetzen, wenn die Hühner länger im Stall bleiben müssen und wenig Abwechslung bekommen, weil sie das Futter aus dem ungewohnten Spielzeug herausräumen oder -rollen müssen.

keine Möglichkeit haben, einen Haken mit einer ausreichend langen Schraube in die Decke Ihrer Voliere zu bohren, können Sie auch einen »Hirtenstab« aus dem Gartenbedarf in den Boden rammen und den Korb daran aufhängen

- Backen Sie in die proteinreichen Mauser-Muffins von Seite 161 (schon deshalb gut, weil die Hühner während der Stallpflicht ja nicht mehr an Käfer und Würmer kommen), eine Kordel an Knöpfen ein (sonst rutscht die Kordel durch) und hängen Sie die Muffins dann an einem Ast auf, den Sie in ausreichender Höhe im Gehege anschrauben.
- Bauen Sie aus großen Flussbettsteinen oder schönen Sandsteinen ein tiefes Sandbad und füllen Sie regelmäßig Sandkastensand ein. Pflanzen Sie an den Rand Lavendel, Thymian und Rosmarin.
- Schrauben Sie dicke Äste kreuz und quer in der Voliere an, sodass die Hühner unterschiedliche Sitzhöhen erreichen können.
- Befestigen Sie Emailleschalen (ebay, Flohmarkt) im Stall und füllen Sie sie mit Grit.
- Wenn es draußen sehr warm wird, stellen Sie Wannen oder Deckel von Kunststofffässern auf und füllen Sie sie zentimetertief mit kaltem Wasser. So können sich die Hühner die Füße kühlen. Auch Eiswürfel sind hierfür sehr beliebt. Ich werfe noch klein geschnittene Wassermelone in das Wasser, was die Hühner bei Hitze dazu ermuntert, beim Fressen noch mehr Wasser aufzunehmen.
- Im Fachbedarf gibt es Futterbälle speziell für Hühner, die man mit Körnern oder Pellets füllt. Die Hühner müssen die Kugeln bewegen, um an das Futter zu gelangen. Sie picken darauf herum, rollen die Bälle und schubsen sie durch das Gehege, was nicht nur ihnen großen Spaß macht, sondern auch beim Zuschauen.
- Vor allem aber bietet so ein Futterball hervorragende Beschäftigung: Im Internet findet man Luzernebriketts für Hühner und andere Hoftiere, die sehr fest gepresst sind, sodass die Hühner sich richtig anstrengen müssen, um Stücke herauszupicken. Sie können die Luzernebriketts in einen Blumentopf oder eine Schüssel legen oder in einem Heunetz aufhängen. Ideal für Hühner, denen man (beispielsweise aufgrund von Geflügelpest) kein frisches Gras anbieten darf.
- Viele Hühner lieben es zu schaukeln. Warum also nicht an einen dicken Ast rechts und links je eine Ringschraube anbringen und mit einem Seil oder Ketten an der Decke des Geheges anbringen. Die meisten Hühner müssen sich zwar erst an das schaukelnde Ding gewöhnen, sitzen dann aber stundenlang dösend auf dem schwingenden Ast. Als Alternative für sehr große Hühner können Sie eine Europalette so zersägen, dass eine Art Plattform entsteht, und ebenso aufhängen.

ERSTE-HILFE-SET FÜR DEN HÜHNERSTALL

Gute Vorbereitung ist schon mal die halbe Rettung, insofern kann ein Erste-Hilfe-Kasten eine große Hilfe sein, wenn ein Vorfall schnell behandelt werden muss.

Die im Folgenden vorgeschlagenen Mittel sind für jeden Hühner-Erste-Hilfe-Kasten essenziell und dazu alle völlig natürlich. Sie können also ohne Nebenwirkungen oder Wartezeiten verabreicht werden (bei »richtigen« Medikamenten dürfen dagegen zum Beispiel die Eier meistens zwei Wochen lang nicht gegessen werden). Sie brauchen:

- **Ballistol Animal Öl:** hilft hervorragend gegen Kalkbeine, zur Hautpflege und zur Wundnachbehandlung.
- **Epsom Salz Vitalbad-Pulver:** für Fußbäder oder zum Einnehmen. Als Fußbad bei Krallenabszessen oder zum Aufweichen der Haut, falls ein Huhn sich einen Splitter eingezogen hat, zum Einnehmen mit Wasser vermischt und um Giftstoffe auszuleiten, als Hilfe gegen Durchfall und bei Verstopfung.
- **Bierhefepulver:** Hühner neigen zu Vitamin-B-Mangel, ein Esslöffel davon im Futter kann umgehend Abhilfe schaffen.
- **Leyen »Wurm-Adieu«:** eine völlig natürliche Wurmkur aus verschiedenen Bitterkräutern.
- **Speisestärke:** stoppt Blutungen.
- **Kokosöl:** lindert Frostbeulen, hilft bei Kalkbeinen, kann aber auch bei Kropfverstopfung gegeben werden, um die Massage zu erleichtern.
- **Bachblüten Rescue Remedy:** ein natürliches Mittel, um Stress nach akuter Aufregung zu lindern.
- **Selbsthaftender Kreppverband, scharfe Schere, Leukoplast, Wundgaze oder Kompressen:** zum Anlegen eines Verbands.
- **Elektrolytepulver:** zum Eingeben bei extrem heißem Wetter ins Wasser. Ein Rezept für selbst gemachte Elektroylte finden Sie auf Seite 157.
- **Kochsalzlösung:** zum Spülen von Augen oder Wunden.
- **Gummihandschuhe**
- Kleine **Taschenlampe**
- **Desinfektionsmittel** für die eigenen Hände
- **Lupe** zum Finden von Parasiten
- **Wattepads**
- **Notizblock**, weil Sie vielleicht etwas für den Tierarzt aufschreiben möchten.
- Außerdem sollten Sie immer eine **Transportbox** und ein **Handtuch** in greifbarer Nähe haben, um ein gestresstes, ängstliches und/oder hysterisches Huhn fest einwickeln und womöglich gleich zum Tierarzt fahren zu können (siehe Seite 135).

IMPFUNGEN – WELCHE GIBT ES?

Obwohl es (gerade im urbanen Raum) sehr schwer ist, einen hühneraffinen oder überhaupt einen Tierarzt zu finden, der Hühner und Vögel behandeln kann oder will, gibt es eine gesetzlich vorgeschriebene Impfpflicht für Hühner, wenn auch nur gegen Newcastle. Wenn Sie nicht fündig werden und auch nicht bei anderen Hühnerhaltern nachfragen können, suchen Sie am besten eine Vogelklinik in der Nähe oder werden Mitglied im nächsten Geflügelverein.

Das Problem mit den Impfungen ist nämlich, dass diese nur in Mengen für ca. 1000 Hühner abgegeben werden und ein relativ zügiges Verfallsdatum haben, sodass es sich für einen »normalen« Tierarzt kaum lohnt, für einige wenige Hobbyhühner Impfstoff zu bestellen und zu verimpfen. Im Geflügelzuchtverein dagegen gibt es Impftermine, zu denen eine Menge Impfstoff bestellt und dann an die Mitglieder ausgegeben wird. Die Kosten belaufen sich üblicherweise auf wenige Euro.

Tatsächlich gibt es keine Kontrollen, ob bei dem eigenen kleinen Bestand auch regelmäßig Impfungen durchgeführt werden. Es bleibt also jedem selbst überlassen, es mit dem eigenen Gewissen auszumachen, ob man seine Hühner mit einer Impfung schützt. Ich kann Ihnen aber nur sagen: Es ist ein jämmerlicher Anblick und zu traurig, wenn die Hühnerschar an einer Krankheit erbärmlich eingeht, gegen die man hätte impfen können.

DIE NEWCASTLE-IMPFUNG

Die Impfung gegen Newcastle oder Atypische Geflügelpest ist eine Pflichtimpfung. Das hochinfektiöse Virus verbreitet sich über Fleisch, kontaminierte Hühner und deren Kot, über Eier und über die Luft und hält sich mehrere Jahre. Wird Newcastle im Bestand nachgewiesen, erklärt der Amtsveterinär Ihren Stall und die Umgebung sofort zum Sperrgebiet. Die Immunisierung gegen die Krankheit erfolgt entweder über eine zweimalige Injektion als Grundimpfung (hält dann eine Legeperiode lang) oder – was viel stressfreier ist – alle sechs Wochen über das Trinkwasser. Der Hühnerbesitzer muss einen Nachweis über die Newcastle-Impfung in Form eines Arzneimittelbelegs vom Tierarzt führen.

MAREK-IMPFUNG

Die Marek'sche Krankheit ist eine Herpesvirus-Erkrankung, die vor allem Hühner bis zur 13. Woche befällt und meistens zum Tod führt. Die Ansteckung erfolgt häufig über Wildvogelkot – von der Lunge aus breitet sich das Virus über das Blut weiter aus, setzt sich in den lymphatischen Organen fest und führt zur Lähmung. Die Tiere torkeln, können das Gleichgewicht nicht mehr halten, fallen um und können sich nicht mehr bewegen. Weil man Marek nicht eindämmen oder bekämpfen kann, ist eine Vorsorgeimpfung die einzige wirksame Maßnahme. Geimpft wird üblicherweise einmalig am Tag des Schlupfes.

KOKZIDIOSE-IMPFUNG

Kokzidiose ist eine häufige und weltweit verbreitete Darmkrankheit, die von Einzellern ausgelöst wird und auch Säugetiere und Menschen befallen kann (allerdings agieren sie streng wirtsspezifisch, Geflügelkokzidien sind nicht auf den Menschen übertragbar). Die meisten Hühnerscharen haben irgendwann im Laufe ihres Lebens damit zu tun, weil man die Kokzidien an den Schuhen in den Stall tragen kann. Üblicherweise erfolgt die Infektion über kotverschmutztes Futter (was

Kükenschnäbel öffnet man genau wie die von erwachsenen Hühnern, nur drückt man den Schnabel sanfter zusammen.

Am einfachsten impft man Küken in den ersten Tagen mit einer Impflösung im Trinkwasser, wodurch sich das Medikament gleichmäßig verteilt und von den Küken automatisch aufgenommen wird.

man, hat man beispielsweise Spatzen im Stall, kaum verhindern kann). Erwachsene Tiere sind normalerweise immun, wenn sie ansonsten gesund sind, und erkranken nur bei stark pathogenen Erregern oder hohen Infektionsdosen und schlechtem Allgemeinzustand. Sie stellen aber als Dauerausscheider das Reservoir für die Kokzidien dar. Hühner, die auf Ausstellungen gehen, sollten unbedingt gegen Kokzidiose geimpft werden.

Die Impfung erfolgt bei Küken zwischen dem fünften und neunten Lebenstag über das Trinkwasser, wodurch sie ein Leben lang gegen die gemeinen Einzeller immun sind. Die Diagnose erfolgt durch einen mikroskopischen Nachweis im Kot und kann vom Tierarzt gut behandelt werden. Unterstützend sollte man ungeimpften Hühnern, die von Kokzidien befallen sind, Multivitaminpräparate geben. Außerdem muss anschließend unbedingt der gesamte Stall desinfiziert werden, allerdings nur mit Mitteln, die von der Deutschen Veterinärmedizinischen Gesellschaft (DVG) zugelassen sind. Holz kann nicht desinfiziert werden, denn die Kokzidien setzen sich einfach in die Ritzen. Sehr wichtig ist es, darauf zu achten, dass die Einstreu nicht feucht ist, der Stall so sauber wie möglich gehalten wird, um den Kontakt der Hühner zu ihrem Kot zu minimieren, und die Zahl der Hühner überschaubar zu halten.

Entfernen Sie möglichst täglich alte Futter- und Wasserreste und säubern Sie den Stall regelmäßig mit einem geeigneten Desinfektionsmittel vom Tierarzt und einem Dampfreiniger. Dreckkrusten müssen sorgfältig entfernt werden. Einmal im Jahr dünne Kalkmilch als desinfizierenden Wandanstrich anbringen (1 Teil Kalziumhydroxid auf 20 Teile Wasser).

Wichtig

- Es dürfen nur gesunde Hühner geimpft werden. Kranke oder schwache Hühner überleben die »Immunattacke« mit dem Impfstoff möglicherweise nicht.
- Geimpft wird über ein sauberes Kunststoffgefäß mit sauberem, kaltem Wasser.
- Um eine zuverlässige Aufnahme des Wassers mit Impfstoff zu gewährleisten, entfernt man am Abend vorher die Tränke aus dem Stall und stellt den Hühnern am Morgen ausschließlich das Gefäß mit der Impfmischung zur Verfügung. Hühner haben morgens Durst, daher kann man sicher sein, dass jedes Huhn seine Impfung bekommt, bevor der Impfstoff nach einigen Stunden seine Wirksamkeit verliert.
- Nach jeder Impfung muss der kleine Hühnerkörper den Impfstoff erst einmal verarbeiten. Es lohnt sich daher, den Hühnern in den ersten Tagen nach der Impfung Multivitaminpräparate ins Wasser zu geben.

TRAUMA UND DAS **ENDE DES HÜHNERLEBENS**

Hühner kommen mit Traumata nicht gut zurecht. Eine Herde, die von einem Hund oder Fuchs gejagt und vielleicht sogar verletzt wurde, kann Wochen und sogar Monate brauchen, um darüber hinwegzukommen. Das Eierlegen stellen sie in diesen Zeiten meistens ein, oft verstecken sie sich tagelang.

Wenn Sie zu denjenigen Hühnerhaltern gehören, die ein innigeres Verhältnis zu ihren Tieren haben, kann es die Hühner enorm unterstützen, wenn Sie sich in nächster Zeit viel mit ihnen beschäftigen: neue Sitzstangen anbringen, das Dach der Voliere reparieren, mehr Salat aufhängen oder häufiger fermentiertes Getreide austeilen oder sich einfach in der Nähe aufhalten, sozusagen als bekannter, stabiler Anker.

Verschiedene Studien haben gezeigt, dass Hühner sich von massivem Stress oder Traumata schneller und besser erholen, wenn sie sich in Gesellschaft ihrer Freunde befinden.

Daher sollte man Hühnern, die gerade einem Trauma ausgesetzt waren, auch nicht sofort neue Hühner dazusetzen, beispielsweise wenn ein Teil der Herde gerissen wurde. Dadurch würde man sie zusätzlich zu dem vergangenen Stress auch noch der Aufregung einer neuen Rangordnung aussetzen (das gilt nicht, wenn bei einer Raubtierattacke nur ein einziges Huhn übrig geblieben ist: Hühner brauchen Gesellschaft und fühlen sich allein extrem unsicher und unwohl).
Sobald Sie erkennen, dass die armen Hühner sich wieder sicherer und »normal« benehmen, können Sie eine neue Vergesellschaftung angehen und neue Kollegen dazusetzen.

WENN HÜHNER STERBEN

Hühner sterben alleine. Wenn sie aus Altersgründen sterben, suchen sie sich normalerweise einen einsamen Platz im Garten oder im Gehege, wo sie ungestört sitzen können. Besonders wenn es eine Leithenne ist, verwirrt dieser Rückzug die anderen Hühner, die dann oft versuchen, das alte Huhn zum Mitmachen zu bewegen. Auch der Hahn sitzt oft stunden- oder tagelang bei der Henne und wirkt ratlos. Wenn die Hühner aber verstanden haben, dass die Situation sich nicht mehr ändern lässt, lassen sie das sterbende Huhn in Ruhe und kümmern sich nicht weiter darum. Der Tod gehört zum Hühnerleben dazu, kein Grund, sich aufhalten zu lassen.
Für uns Menschen kann es schwieriger sein, je nachdem, wie eng unsere Bindung zu dem jeweiligen Huhn ist. Meistens sind wir unseren Hühnern nicht so nahe wie etwa unseren Katzen oder Hunden, aber traurig ist es immer, wenn ein Leben aufhört. Wir sollten der Natur dennoch ihren Lauf lassen und das Huhn, selbst wenn es das Lieblingshuhn war, nicht bedrängen oder es ins Haus holen, um es dort sterben zu lassen, sondern es in Ruhe und ohne Stress gehen lassen.
Wenn meine Hühner sterben, lasse ich sie noch ein paar Stunden dort liegen, wo sie eingeschlafen sind, damit wirklich jedes Huhn in der Herde es mitbekommt. Erst dann nehme ich es weg. Manche Hühner trauern richtig und sind tagelang irgendwie neben sich, aber meistens scheinen sie mit dem Ende des Lebens deutlich besser zurechtzukommen als wir Menschen: Hühner fragen nicht nach dem »Warum« und das ist wahrscheinlich eines der Geheimnisse eines fröhlichen Lebens.

Kapitel 13

DAS EI – EIN WUNDER DER NATUR

Grundsätzlich hat ein Ei keineswegs den Zweck, unser Frühstück abwechslungsreicher zu gestalten. Es ist als Lebensraum und zur Versorgung des heranwachsenden Kükens gedacht.

ALLERLEI FRAGEN RUND UMS EIERLEGEN

Die meisten von uns kommen aufs Huhn, weil sie sich frische, köstliche und gesunde Eier mit dickem, leuchtend orangem Eigelb erhoffen, wie man sie im Supermarkt eher nicht findet.

Das Hühnerei ist ein Massenprodukt und trotzdem ist jedes einzelne von ihnen ein echtes Kunstwerk und ein Unikat. Jedes wird nach einem genau festgelegten Bauplan der Natur produziert, wofür zahllose verschiedene Baustoffe notwendig sind. Ist einer dieser Baustoffe fehlerhaft oder in zu geringer Menge oder nicht in ausreichender Qualität vorhanden, kommt es zu baulichen Mängeln im Ei. Ob es dem Huhn gut geht, sieht man also auch am Ei schnell und deutlich: in Form von schlechter Schalenqualität, ganz und gar fehlender Schale, größeren Unregelmäßigkeiten in der Schale oder der Form.

WIE VIELE EIER LEGT EIN HUHN?

Gesunde Hennen legen, solange sie sich wohlfühlen und in einem artgerechten, stressfreien Umfeld leben, ungefähr alle 26 Stunden ein Ei. Es gibt jedoch einige Umstände, die Hennen vom Eierlegen abhalten können. Plötzlicher Stress durch ungewohnte, wilde Kinder, Stress durch Artgenossen, Gehetztwerden durch Hunde, Angriffe durch Raubtiere, zu viele Tiere in einem Stall oder ein verdreckter Stall: Das alles sind Gründe, warum Hühner das Eierlegen einfach mal einstellen.
Aber selbst unter den allerbesten Umständen legen Hühner nicht jeden Tag ein Ei. Nicht einmal die rein auf Hochleistung gezüchteten Hybridrassen schaffen das körperlich. Bei jeder Henne ist von Geburt an die Anzahl von Eiern festgelegt, die sie im Laufe ihres Lebens legen kann. Ob sie diese Anzahl tatsächlich legt, hängt von ihrem gesundheitlichen Zustand, den Haltungsbedingungen und vielen anderen Faktoren ab.
Die Produktion eines Eis dauert gewöhnlich 26 Stunden, wobei zwischen der Ablage eines Eis und dem »Produktionsbeginn« eines neuen eine kleine Pause liegt. Dadurch verschiebt sich die Legezeit eines Huhns immer ein bisschen weiter, bis es schließlich einen Tag vom Eierlegen ausruhen kann.
Hennen erreichen ab der 20. bis 24. Lebenswoche die sogenannte Legereife. Erst in diesem Alter werden sie geschlechtsreif und können sich fortpflanzen (Sie erinnern sich: Nicht unser Frühstücksei, sondern die Nachzucht ist der eigentliche Grund fürs Eierlegen. Hühner legen nur deshalb immer weiter Eier, weil wir sie ihnen wegnehmen).
Hühner, die man neu hinzubekommen hat, brauchen manchmal ein paar Wochen, bis sie sich im neuen Zuhause sicher genug fühlen, um zu legen. Am Tag nach ihrer Ankunft legen sie zwar meistens noch ein Ei, dass sie bereits in Produktion hatten, aber dann ist erst mal eine Weile Schluss.

WAS TUN, WENN HÜHNER IHRE EIER ÜBERALL LEGEN, NUR NICHT INS NEST?

In jeder größeren Hühnergruppe kommt es immer wieder mal vor, dass das ein oder andere Ei irgendwo im Stall außerhalb der Legenester liegt. Wenn allerdings alle Hühner – oder ein Großteil davon – außerhalb der Nester legen, gibt es ein Problem.
Manche Hühner lernen einfach nie, wo sie ihre Eier legen sollen, sondern legen sie immer wieder auf den Boden oder irgendwelche Stufen. Wenn die Legenester aber in ausreichender Zahl vorhanden, bequem zugänglich und sauber sind, haben die Hühner, die außerhalb der Nester legen, wahrscheinlich ein hormonelles Problem. Etwa eine Stunde, bevor ein Ei gelegt wird, sorgt ein Anstieg der Hormone dafür, dass die Henne kurzfristig Muttergefühle bekommt, die dafür sorgen, dass sie eines der Legenester aufsucht und es sich darin bequem macht. Sobald das Ei gelegt ist, fahren die Hormone wieder herunter und die Henne verliert das Interesse an dem Nest.
Eine Henne kann das Eierlegen auch ein bisschen verschieben, wenn gerade kein Nest frei ist oder weil sie auf ein ganz bestimmtes Legenest warten will, das noch besetzt ist. Nach

EIER-ANATOMIE – KEIN EI **GLEICHT DEM ANDEREN**

Ein Ei ist unglaublich ausgeklügelt: Es ist stabil genug, um das Küken vor Stößen zu schützen, verhindert, dass Viren und Bakterien eindringen können und schützt das Küken vor dem Austrocknen. Das Eigelb bzw. der Eidotter dienen der Ernährung und dem Schutz des Embryos, das Eiweiß ebenfalls.

- Die Schale macht nur 10 Prozent der Eimasse aus.
- Im Inneren besteht ein Ei zu 58 Prozent aus Eiweiß, einer proteinhaltigen, klaren Lösung.
- Die übrige Substanz bezeichnet man als Eidotter oder Eigelb. Es setzt sich aus einer Fett-in-Wasser-Emulsion zusammen.
- Die Membran, die »Eihaut« unter der Schale, gewährleistet die Atmung und den Austausch von Sauerstoff und Kohlendioxid durch die Schale hindurch.
- Die Eischale aus Kalk schützt den Embryo vor mechanischen Schäden.
- Das Eigelb wird von sogenannten Hagelschnüren innerhalb des Eiweißes in einer »schwebenden« Position gehalten.
- Die Keimscheibe bzw. der Keimfleck ist ein kleiner heller Fleck im Eigelb, aus dem sich mithilfe von Zellteilung im Laufe der Zeit das Küken entwickelt.
- Die Luftkammer sorgt dafür, dass das Küken Platz zum Schlüpfen hat.

Das Ei von oben nach unten: Kalkschale, Schalenhaut, Hagelschnur, Eiklar, Dotterhaut, Keimscheibe, Dotter, Luftkammer

einer Weile sinkt der Hormonspiegel trotzdem, unabhängig von den idealen Umständen. Die Henne will das Ei daher loswerden, ganz egal, wo sie gerade geht oder steht.
Wenn eine Henne ihr Ei immer wieder irgendwo ablegt, fehlen ihr möglicherweise die mütterlichen Hormone. Das passiert bei Turbo-Legerassen häufiger als bei anderen, denn in ihrer Zucht wurde wenig Wert auf die normalen hormonellen Bedürfnisse gelegt.
Mindestens so wichtig wie die Hormone sind beim Legen die Angewohnheiten der Hennen. Die gute Nachricht ist, dass man sie diesbezüglich leicht »umerziehen« kann. Die meisten Hühner legen vor 10 Uhr morgens. Gewähren Sie ihnen bis dahin einfach nur Freigang in der Voliere, aber nicht in den Garten – bis alle gelegt haben. Sie können Ihre Hühner auch daran gewöhnen, dass sie erst aus dem Stall dürfen, wenn sie gelegt haben. Wenn sie immer noch nicht dort legen, wo sie legen sollen, überprüfen Sie die Legenester: Vielleicht wohnen Mäuse darin, möglicherweise zieht es oder sie sind sonst irgendwie ungemütlich. Bieten Sie andere Legenester an, mit Heu gefüllte Obstkisten zum Beispiel oder mit Heu und Stroh gefüllte große Schüsseln. Jeder Jeck ist anders und wer ahnt schon, wie bestimmte Hennen sich ein ideales Legenest vorstellen: Manchmal muss man es eben ausprobieren.

WIE ERHÄLT MAN ORANGE-FARBENES EIGELB?

Je mehr Grünfutter ein Huhn bekommt, desto dunkler bzw. orangefarbener wird das Eigelb. Je mehr Carotin im Hühnerfutter enthalten ist, desto mehr geht die Dotterfarbe von Gelb zu Orange über. Die Farbe des Eidotters ist allerdings kein Qualitätskriterium und auch kein Hinweis darauf, wie gut, nährstoffreich oder gesund das Ei ist. Verbraucher empfinden ein dunkleres Eigelb als gesünder, weshalb Hühnern aus konventioneller Haltung häufig künstliche Farbstoffe ins Futter gegeben werden. Bei Bio-Eiern ist diese Handhabung verboten.

Kein Qualitätskriterium, aber dem Verbraucher wichtig: Je mehr Carotin im Hühnerfutter enthalten ist, desto mehr geht die Dotterfarbe von Gelb zu Orange über.

WARUM SEHEN MANCHE EIER SELTSAM AUS?

Manchmal haben Eier etwas ungewöhnliche Formen, raue Stellen, Kalkablagerungen oder sehen irgendwie pickelig aus. Solche »Fehler« sind normalerweise nur temporäre Vorkommnisse im Eiformationsprozess. Die Eier sehen vielleicht nicht perfekt aus, können aber ohne Weiteres gegessen werden.
Gerade am Anfang der Legekarriere sehen Eier häufig noch nicht perfekt aus. Eine meiner Hennen legte, wie schon erwähnt, eine Zeit lang kugelrunde »Golfballeier«, bis sie sich auf die richtige Form und Größe eingroovte. Meine Orpingtons fabrizieren im Frühjahr, wenn sie nach der Winterpause das Legen wieder aufnehmen, die ersten paar Mal sehr längliche Eier, die zudem manchmal Schönheitsfehler wie seltsame, krümelige Kalkablagerungen haben. Aber das sind Ausnahmen.
Allerdings können manchmal auch Krankheiten wie infektiöse Bronchitis oder Newcastle dafür sorgen, dass die Eierschalen eine seltsame Form oder Struktur haben. In diesem Fall kommen die ungewöhnlichen Eier regelmäßig und innerhalb der ganzen Hühnerschar vor. Wenn hierzu weitere Krankheitssymptome kommen, sollten Sie die Hühner einem Tierarzt vorstellen und die Eier nicht essen.

WARUM HABEN MANCHE EIER SO WEICHE ODER DÜNNE SCHALEN?

Manchmal legen Hühner Eier mit einer ganz weichen, nachgiebigen oder einer papierdünnen Schale, die bei der leichtesten Berührung bricht. Solche Fehler treten häufig am Anfang auf, wenn die Henne gerade erst mit dem Legen anfängt, und sind nichts, worüber man sich Sorgen machen muss.

WIE KOMMEN BLUTSTROPFEN INS EI?

Blutstropfen im Eigelb bedeuten nicht, dass das Ei befruchtet ist. Die blutigen Stellen entstehen vielmehr, wenn zu dem Zeitpunkt, in dem das Ei aus den Eierstöcken entlassen wird, eine Vene verletzt wird. Also keine Sorge: Sie können so ein Ei bedenkenlos essen.

WORAN ERKENNT MAN, OB EIN EI FRISCH IST?

Wenn Sie Ihre Hühner frei im Garten herumlaufen lassen, ist es durchaus möglich, dass Sie an den merkwürdigsten Stellen Eier finden und nicht wissen, wann sie eigentlich gelegt wurden. Hier gibt es einen Trick: Frische rohe Eier bleiben in einem Glas mit kaltem Wasser am Boden liegen. Je mehr sich das Ei im Wasser aufrichtet, umso älter ist es. Das liegt an der Luftkammer im Ei, die mit der Zeit immer größer wird, weil das Ei-Innere nach und nach austrocknet.
Am einfachsten ist es, das Ei aufzuschlagen: Je frischer das Ei, desto dickflüssiger ist das Eiklar und desto gewölbter ist das Eigelb.
Bei älteren Eiern befindet sich der Dotter nicht mehr mittig im Eiklar, sondern ist zum Rand hin verschoben, das Eiklar wird außerdem zunehmend flüssiger, der Dotter breiter und flacher.

1 Eier gibt es in den erstaunlichsten Formen und Farben **2** Die blutigen Stellen entstehen in dem Moment, wenn das Ei aus den Eierstöcken entlassen und eine Vene verletzt wird. Sie bedeuten nicht, dass das Ei befruchtet ist. **3** Ungleichmäßige Kalkablagerungen sagen nichts über ihre Qualität aus, sondern bedeuten nur temporäre Formationsverwirrungen.

DARF MAN SCHMUTZIGE EIER WASCHEN?

Auch wenn man sich die allergrößte Mühe gibt, den Stall und die Legenester sauber zu halten, findet man immer wieder durch Hühnerkot oder matschige Hühnerfüße verschmutzte Eier darin.
Eier zu waschen – womöglich noch mit Spülmittel – ist aber keine gute Idee. Ihre Schale ist porös und von einem natürlichen Ölfilm ummantelt, der sie und das Innere des Eis vor Keimen und Bakterien schützt. Sehr kaltes Wasser zieht die Poren zusammen und kann dafür sorgen, dass auf der Schale befindliche Bakterien ins Ei-Innere gezogen werden. Heißes Wasser und Seife dagegen öffnen die Poren und zerstören dadurch den natürlichen Schutzfilm.
Im Landhandel kann man zwar spezielle Eierspülmittel kaufen, aber auch bei diesen gilt: Je weniger, desto besser. Spülen Sie die Eier daher allenfalls unter lauwarmem laufenden Wasser von allen Seiten ab (ohne Seife, Spüli o. Ä.) und versuchen Sie, den Schmutz mit einem weichen Lappen vorsichtig zu entfernen. Schrubben Sie Ihre Eier dabei nicht zu stark. Viele Eier haben raue Stellen oder Unregelmäßigkeiten, und wenn man diese zu stark bearbeitet, verletzt man möglicherweise die Schale und dann kann man die Eier nicht mehr lang aufheben.
Nach dem Waschen trocknen Sie die Eier mit einem Lappen oder Papiertüchern ab, bevor Sie sie in die Eierkartons setzen. Nasse Eier können am Karton festkleben, und wenn man sie später irgendwann wieder aus dem Karton nehmen möchte, löst sich vielleicht ein Stück der Schale und das Ei zerbricht.

WIE LAGERT MAN EIER AM BESTEN?

Während der Lagerung wird das Ei unter anderem über die Dottermembran geschützt, die eine natürliche Barriere gegen Keime bildet. Die Dauer dieses Schutzes ist von der Temperatur abhängig. Versuche haben gezeigt, dass bei Lagertemperaturen von 4–6 °C die Keimentwicklung am geringsten ist. Bei 20 °C beginnt die Membran etwa 18 Tagen nach dem Legen durchlässig für Bakterien und Nährstoffe zu werden. Deshalb sollte man die Eier spätestens ab dann kühlen, um die Keimvermehrung im Inneren zu verhindern.

WIE LANGE SIND EIER HALTBAR?

Offiziell sind Eier bis zum 28. Tag nach dem Legen haltbar. In Wirklichkeit halten ungewaschene Eier oft mehrere Monate. Aber irgendwann wird ein Ei schlecht: In diesem Fall überprüft man am besten vor der Verwendung Aussehen und Geruch: Bei einem verdorbenen Ei erkennt man mithilfe einer Taschenlampe einen schwarzen Schatten durch die Schale und es riecht seltsam. Wenn das Ei okay aussieht und Sie keinen komischen Geruch bemerken, aber trotzdem misstrauisch sind, schlagen Sie das Ei in einer Tasse auf und prüfen es, bevor Sie es weiterverarbeiten. (Ich versichere Ihnen, dass Sie nie wieder vergessen werden, wenn Sie ein verdorbenes Ei geöffnet haben, und Ähnliches auch nie mehr erleben möchten.) Verdorbene Eier voller Schwefelgas können wie Ministinkbomben explodieren – unvergesslich.

Kapitel 14

EIER-
REZEPTE

Nicht jedes Ei wird auch ausgebrütet – zu unserem Glück. Denn schließlich lassen sich die köstlichsten Dinge damit zubereiten. Hier eine Auswahl an Rezepten, die ich besonders liebe.

POCHIERTE EIER

Pochierte Eier werden ohne Schale in gerade mal siedendem Wasser gegart und sind eine wunderbar dekadente englische Art, ein Frühstücksei zu genießen. Der Name »Verlorenes Ei« kommt vom »Windei«, das von der Henne aus Kalziummangel ohne Schale gelegt wird.

ZUTATEN FÜR 4 PORTIONEN:

- 2–3 EL Weißweinessig
- 4 Eier
- 4 Scheiben Weißbrot
- 4 weitere Eigelbe
- 2 EL frischer Zitronensaft
- 125 g kalte Butter, in Stücke geschnitten
- Salz und weißer Pfeffer
- Pürierte Avocado mit Zitronensaft
- Einige dünne Stücke Parmesan

ZUBEREITUNG:

1. Einen Topf zu zwei Dritteln mit Wasser füllen, dazu kommt dann der Weißweinessig. Kochen Sie das Essigwasser auf und reduzieren Sie die Hitze auf ein Köcheln. Brechen Sie ein Ei in eine Tasse. Dabei das Eigelb nicht verletzen. Rühren Sie mit einem Löffel im Wasser, sodass ein kleiner Strudel entsteht, und lassen Sie das Ei behutsam in diesen gleiten. Mit den anderen Eiern genauso verfahren. Achten Sie darauf, dass die Eier es nicht zu eng im Topf haben. Nach 3–4 Min. (je nach Größe des Eis) die Eier mit einer Schaumkelle entnehmen und auf Küchenpapier abtropfen lassen.
2. Toasten Sie das Weißbrot und halten Sie es warm.
3. Für die Hollandaise verschlagen Sie die Extra-Eigelbe und den Zitronensaft mit 2 EL Wasser über dem heißen Wasserbad. Fügen Sie nach und nach die Butterstücke hinzu, während Sie stetig weiterrühren.
4. Erhitzen Sie die Sauce weiter, bis sie sich verdickt. Mit Salz und Pfeffer würzen und vom Herd nehmen.
5. Setzen Sie je ein Ei auf eine Toastscheibe und beträufeln Sie sie großzügig mit der Sauce Hollandaise. Setzen Sie an die Seite das Avocadopüree und ein paar Parmesanstücke. Ein besseres Frühstücksei werden Sie nie essen.

Info

Damit man im Topf kein Eiweißdesaster hat, darf das Wasser keinesfalls kochen, nur kurz davor sein. Die ideale Temperatur liegt zwischen 70 und 80°. Wenn Sie kein Thermometer haben, achten Sie auf kleine Kochblasen am Topfrand, das ist ein gutes Zeichen.

KÄSE-FRITTATA

Frittata ist das perfekte Sommeressen, weil sie schnell und leicht ist, ohne Kruste wie beispielsweise eine Quiche, und immer ein Rucolasalat mit Parmesan dazu passt. Weil man dafür so viele Eier braucht, ist sie ein hervorragendes Essen für Hühnerbesitzer.

ZUTATEN FÜR 4 PORTIONEN:

8	Eier
180 ml	Milch
	Salz, Pfeffer
30 g	Butter
250 g	Ricotta
100 g	geriebener Gruyère
50 g	geriebener reifer Cheddar
10 g	Basilikumblätter, klein geschnitten

ZUBEREITUNG:

1. Den Backofen auf 180° (Ober-/Unterhitze) vorheizen. Eier und Milch verrühren, mit Salz und Pfeffer würzen. Butter in einer ofenfesten beschichteten Pfanne zum Schmelzen bringen, die Eiermischung hineingeben und sofort Ricotta, Gruyère, Cheddar und Basilikum darüber verteilen.
2. Die Eier 3–4 Min. stocken lassen, dann die Pfanne in den Ofen stellen und die Frittata 8–10 Min. backen, bis sie fest ist.
3. Warm mit getoastetem Weißbrot servieren.

SELBST GEMACHTE MAYONNAISE

ZUTATEN FÜR 1–2 PORTIONEN:

1	großes Ei
¼ TL	Salz
¼ TL	Weißweinessig
	Saft von ½ Zitrone
100 ml	Rapsöl
30 ml	Olivenöl

ZUBEREITUNG:

1. Ei mit Salz mit einem Handrührgerät schaumig schlagen.
2. Essig und Zitronensaft hinzufügen und 10 Sek. kräftig weiterschlagen.
3. Die Öle zusammengießen und, während die Eimasse immer weiter geschlagen wird, langsam hinzufügen. Die Mischung sollte jetzt eine weiche, cremige Konsistenz bekommen.
4. Im Kühlschrank hält sich die Mayonnaise gut verschlossen etwa eine Woche lang.

MÖHRENSOUFFLÉ MIT SESAM

ZUTATEN FÜR 4 PORTIONEN:

500 g	Möhren
20 g	Butter (+ etwas Butter für die Form)
¼ l	Gemüsebrühe
½	Bund Kerbel
200 g	Kräuterfrischkäse
1 EL	Zitronensaft
2 EL	Sesam
	Salz, Pfeffer
	Geriebene Muskatnuss
4	Eier

ZUBEREITUNG:

1. Die Möhren waschen, schälen und in feine Scheiben hobeln. Die Butter in einem Topf zerlassen und die Möhren bei schwacher Hitze darin 2–3 Min. andünsten. Die Gemüsebrühe angießen und die Möhren im geschlossenen Topf 5–10 Min. weich dünsten. In ein Sieb abgießen, abtropfen lassen und mit dem Pürierstab oder im Mixer pürieren.
2. Kerbelblätter abbrausen, trocken schwenken, abzupfen und fein hacken. Unter das Möhrenpüree mischen.
3. Den Backofen auf 180° (Ober-/Unterhitze) vorheizen. Den Kräuterfrischkäse mit dem Zitronensaft glatt rühren. Den Sesam in einer beschichteten Pfanne ohne Fett golden rösten.
4. Sesam und Kräuterfrischkäse ebenfalls unter das Möhrenpüree rühren. Dann mit Salz, Pfeffer und geriebener Muskatnuss würzen.
5. Die Eier trennen. Die Eigelbe unter die Möhrenmasse rühren. Die Eiweiße steif schlagen, bis sich kleine Spitzen bilden und vorsichtig unterheben.
6. Eine Auflaufform fetten und die Soufflé-Masse vorsichtig einfüllen. Das Soufflé im Ofen (unterste Stufe) 30–35 Min. backen. Herausnehmen und sofort servieren.

GERÖSTETE SÜSSKARTOFFEL-SCHINKEN-FRITTATA MIT FRISCHEN EIERN

ZUTATEN FÜR 4 PORTIONEN:

1	große Süßkartoffel
½	rote Zwiebel
100 g	Lachsschinken
4 EL	Olivenöl
	Salz, Pfeffer
130 g	geriebener Käse
1	Handvoll frischer Salbeiblätter, klein geschnitten
12	Eier
150 ml	Sahne

ZUBEREITUNG:

1. Den Backofen auf 200° (Ober-/Unterhitze) vorheizen. Die Süßkartoffel schälen und in dünne Scheiben schneiden. Die Zwiebel schälen und in dünne Streifen schneiden. Den Lachsschinken ebenfalls in Streifen schneiden. Salbei abbrausen, trocken schütteln und klein schneiden oder zupfen.
2. Ein Backblech mit Backpapier auslegen. Die Süßkartoffelscheiben auf dem Blech verteilen, 2 EL Olivenöl darüberträufeln und alles gut vermengen. 15–20 Min. im Ofen backen, nach 10 Min. wenden. Sobald die Süßkartoffeln bräunlich werden und so weich sind, dass man mit einer Gabel leicht hineinstechen kann, das Blech aus dem Ofen nehmen. Die Ofentemperatur auf 180° reduzieren.
3. Die restlichen 2 EL Olivenöl in einem kleinen Topf erhitzen. Die Zwiebeln hinzufügen, mit Salz und Pfeffer würzen und 30 Min. bei mittlerer Hitze sanft garen. Ab und zu umrühren.
4. Die gerösteten Süßkartoffeln, die Zwiebeln und die Hälfte des geriebenen Käses in eine ofenfeste Pfanne geben und mit den Salbeiblättern bestreuen.
5. In einer Schüssel die Eier mit der Sahne verrühren, salzen und pfeffern und dann über die Zutaten in der Pfanne geben. Im Ofen 25–30 Min. backen, bis die Eier gestockt sind. Den restlichen Käse darübergeben und kurz weiter backen, bis der Käse geschmolzen ist. Warm oder lauwarm servieren.

Tipp

Vegetarier können den Schinken einfach weglassen, die Frittata hat trotzdem ausreichend Geschmack.

QUICHE MIT GERÖSTETEM BROKKOLI UND SPECK

ZUTATEN FÜR 4–6 PORTIONEN:

- 1 Mürbeteigboden (gekauft oder selbst gemacht)
- 220 g Brokkoliröschen
- 3 Knoblauchzehen
- 110 g rote Zwiebel
- 8 Streifen Frühstücksspeck
- 4 große Eier
- 250 g Sahne
- 120 ml Milch
- 360 g geriebener Cheddar oder Edamer
- 1 EL Mehl
- Salz, Pfeffer
- Geriebene Muskatnuss
- Butter für die Form
- Backlinsen

ZUBEREITUNG:

1. Den Backofen auf 220° (Ober-/Unterhitze) vorheizen. Die Form fetten und mit dem ausgerollten Mürbeteig auslegen. Backpapier über den Teig legen, die Backlinsen daraufgeben und den Boden im Ofen 10 Min. blindbacken. Die Form aus dem Ofen nehmen, Linsen und Backpapier entfernen und Boden in der Form abkühlen lassen. Die Ofentemperatur auf 160° herunterdrehen.
2. Brokkoli waschen und abtropfen lassen, evtl in kleinere Röschen teilen. Den Knoblauch schälen und mit dem Messerrücken andrücken. Die Zwiebel schälen und fein hacken. Den Speck in kleine Stücke schneiden und in einer beschichteten Pfanne knusprig braten. Herausheben und auf einem Teller beiseitestellen.
3. Brokkoliröschen und zerdrückte Knoblauchzehen in dem Speckfett scharf anbraten, bis alles schön gebräunt ist. Knoblauch entfernen.
4. Eier, Sahne, Milch und Zwiebeln vermengen. Erst den geriebenen Käse und das Mehl unterrühren, dann den Speck und den Brokkoli. Alles gut vermengen und mit
5. Salz, Pfeffer und Muskatnuss würzen.
6. Die Masse auf den Mürbeteigboden gießen und die Quiche dann im Ofen 40 Min. backen, bis sie goldbraun und fest ist. Falls sie zu dunkel wird, mit Alufolie abdecken. Warm oder kalt servieren.

SELBST GEMACHTE NUDELN

ZUTATEN FÜR 4 PORTIONEN:

450 g Mehl
3 Eier
1 zusätzliches Eigelb
Salz

ZUBEREITUNG:

1. Das Mehl auf der Arbeitsfläche anhäufen, eine kleine Kuhle in die Mitte machen und die Eier sowie das Eigelb hineingleiten lassen. Eine kräftige Prise Salz zugeben und dann alles mit kühlen Händen ca. 10 Minuten lang kneten, bis der Teig glatt und elastisch ist.
2. Den Teig zu einer Kugel formen, in Klarsichtfolie wickeln und bei Raumtemperatur mind. 30 Min. ruhen lassen.
3. Den Teig auf einer bemehlten Fläche so dünn wie möglich ausrollen und mit einem sehr scharfen Messer zu Nudeln schneiden.
4. In einem Topf reichlich Wasser zum Kochen bringen, salzen und die Nudeln 3–4 Min. darin kochen. Abgießen und heiß mit einer entsprechenden Sauce servieren. Alternativ in einer Pfanne frische Salbeiblätter und Pinienkerne in Butter anbraten und mit frisch geriebenem Parmesan über die Nudeln geben.

Tipp

Sie können aus dem Teig auch Lasagneplatten schneiden oder Kreise für gefüllte Pasta ausstechen.

QUARKAUFLAUF

ZUTATEN FÜR 2 PORTIONEN:

4 Eier
100 g Zucker
1 TL Vanillepaste (ersatzweise Mark von 1 Vanilleschote)
2 EL Rum (nach Belieben)
Abgeriebene Schale von ½ Bio-Zitrone
260 g Magerquark
Butter und Mehl für die Form
Puderzucker zum Bestäuben

ZUBEREITUNG:

1. Den Backofen auf 180° (Ober-/Unterhitze) vorheizen. Die Eier trennen. Die Eigelbe mit der Hälfte des Zuckers schaumig rühren. Die Eiweiße mit dem restlichen Zucker steif schlagen.
2. Vanillepaste bzw. Vanillemark mit dem Rum, der abgeriebenen Zitronenschale und dem Quark unter die Eigelbcreme rühren.
3. Eine kleine Auflaufform mit Butter einfetten und mit einer dünnen Mehlschicht bestreuen, damit der Auflauf nicht an der Wand festklebt.
4. Erst jetzt den Eischnee unter die Quarkmasse heben und das Ganze dann in die Auflaufform füllen. Die Auflaufform auf das Backblech stellen und so viel heißes Wasser ins Blech gießen, dass die Form darin zu ⅔ im Wasser steht. In den Ofen schieben (Mitte) und den Auflauf ca. 40 Min. goldgelb backen.
5. Den Quarkauflauf herausnehmen, dick mit Puderzucker bestäuben und am besten sofort servieren. Dazu passen pürierte Beeren.

LUFTIGE VANILLEPFANNKUCHEN AUF AMERIKANISCHE ART

ZUTATEN FÜR 2 PORTIONEN:

250 g Mehl
4 TL Backpulver
2 EL Zucker
1 TL Salz
2 Eier
250–300 ml Milch
1 TL Vanillepaste (ersatzweise Mark von 1 Vanilleschote)
4 EL geschmolzene Butter

ZUBEREITUNG:

1. In einer großen Schüssel das Mehl, Backpulver, Zucker und Salz vermischen.
2. In einer kleineren Schüssel die Eier, 250 ml Milch, Vanillepaste bzw. -mark und die geschmolzene Butter verquirlen. Anschließend die Eiermasse in der großen Schüssel mit den trockenen Zutaten vermischen. Nicht zu lange rühren, die Zutaten sollen sich eben vermengen. Wenn Sie das Gefühl haben, der Teig wäre noch zu trocken, evtl. etwas mehr Milch zugeben.
3. Eine beschichtete Pfanne kurz stark erhitzen und anschließend auf mittlere Hitze reduzieren. Mit einer Suppenkelle ca. ⅙ des Teigs in der Pfanne verteilen und den Pfannkuchen so lange braten, bis sich in der Mitte oder am Rand kleine Blasen bilden.
4. Mit einem Pfannenwender ein wenig hochheben, um zu überprüfen, ob die Unterseite goldbraun gebacken ist. Wenn dem so ist, den Pfannkuchen wenden und von der anderen Seite noch kurz braten.
5. Die fertigen Pfannkuchen im Ofen (80°) warm halten. Mit Butter, Ahornsirup, Apfelmus, Nutella, frischen Beeren oder Marmelade servieren. Oder mit allem.

SELBST GEMACHTES ZITRONENMUS (LEMON CURD)

Man kann dieses Rezept auch mit jeder anderen Zitrusfrucht machen (dann bräuchten Sie dafür 4 Limetten, 2 Orangen oder 1 Pampelmuse). Dieses Zitronenmus eignet sich hervorragend als Füllung von Zitronentartes, als Topping auf sommerlichen Zitronenmuffins oder für Zitronencreme. In England streicht man es auf Toast oder Scones.

ZUTATEN FÜR 3–4 GLÄSER:

6 Eier
350–400 g Zucker
Saft von 3 Zitronen
120 g weiche Butter in Stücken

AUSSERDEM:

Saubere Schraubgläser

ZUBEREITUNG:

1. Die Eier und den Zucker in einer Schüssel über dem heißen Wasserbad zu einer glatten Flüssigkeit verrühren, anschließend den Zitronensaft hineinrühren.
2. Die Mischung für mehrere Minuten weiter im Wasserbad köcheln lassen und dabei ständig umrühren, bis sie durchgewärmt ist.
3. Die Butter ein Stückchen nach dem andern in die Mischung rühren. Jede Portion sollte vollständig geschmolzen sein.
4. Immer weiterrühren, bis die Mischung nach 15–20 Min. anfängt, sich zu verdicken. Wenn Sie ein Kochthermometer zur Hand haben: Das geschieht üblicherweise bei 80–90°.
5. Gefällt Ihnen die Konsistenz des Zitronenmus, füllen Sie es noch richtig heiß in saubere Schraubgläser. Abkühlen lassen und im Kühlschrank lagern. Dort hält sich das Zitronenmus bis zu 2 Wochen – sofern sich niemand darüber hermacht.

PFEFFERMINZEIS MIT SCHOKOLADENSTÜCKEN

ZUTATEN FÜR CA. 2 LITER:

1	Bund frische Minze (ca. 50 Blättchen)
1 l	Milch
450 ml	Sahne
1	Bund frische Minze (ca. 50 Blättchen)
350 g	Zucker
1 TL	Salz
4	Eigelbe
2 TL	Vanillepaste (ersatzweise Mark von 2 Vanilleschoten)
300 g	gehackte Bitterschokolade

ZUBEREITUNG:

1. Die Minze waschen, trocken schütteln und die Blättchen abzupfen.
2. Milch, Sahne und Minze in einem Topf bei mittlerer Hitze köcheln lassen, bis kleine Blasen am Rand sichtbar werden. Den Topf vom Herd nehmen und die Mischung zugedeckt 10 Min. ziehen lassen. Anschließend die Pfefferminzblätter aussieben.
3. In der Zwischenzeit Zucker, Salz und Eigelbe in einer mittleren Schüssel verrühren. Die warme Milchmischung langsam dazugießen, dabei immer weiterrühren. Die Mischung zurück in den Topf geben und noch einmal kurz köcheln lassen. Auch dabei wieder ständig rühren.
4. Den Topf vom Herd nehmen, die Vanillepaste bzw. das Vanillemark unterrühren und die Masse dann vollständig abkühlen lassen. Anschließend in eine Eismaschine geben und nach Vorgaben gefrieren lassen.
5. 2 Min. bevor das Eis ganz gefroren ist, die gehackte Schokolade hinzufügen (wenn man sie zu früh einrührt, landen alle Stückchen am Grund des Eisbehälters) und das Eis fertig frieren.

CRÈME BRÛLÉE

Crème Brûlée ist ein eigentlich ganz einfacher und dennoch sehr eleganter Nachtisch, den man fabelhaft im Voraus zubereiten kann. Sie eignet sich also perfekt für Gäste.

ZUTATEN FÜR 6 PORTIONEN:

1 TL	Vanillepaste (ersatzweise Mark von 1 Vanilleschote)
200 ml	Vollmilch
1 l	Sahne
8	Eigelbe
60 g	feiner Zucker

AUSSERDEM:

6	ofenfeste Auflaufförmchen aus Keramik (125 ml)
	Große Auflaufform oder tiefes Blech
6 EL	brauner Zucker zum Granulieren

ZUBEREITUNG:

1. Vanillepaste bzw. ausgekratztes Vanillemark mit der Milch in einen kleinen Topf geben und kurz aufkochen. Vom Herd ziehen und 10 Min. stehen lassen, damit alles gut durchziehen kann.
2. Den Backofen auf 140° (Ober-/Unterhitze) vorheizen. 750 ml Sahne zur Vanillemilch geben und kurz unter Rühren erhitzen, ohne die Flüssigkeit kochen zu lassen.
3. Die Eigelbe mit dem Zucker 4 Min. cremig schlagen und dann unter stetem Rühren in die Sahnemischung geben.
4. Die Keramikförmchen in eine große Auflaufform bzw. ein tiefes Blech stellen. Ca. 1 l heißes Wasser um die Förmchen in die Auflaufform bzw. das Blech gießen. Die Förmchen sollen zu etwa einem Drittel im Wasser stehen. Die Crème-Brûlée-Masse in die Förmchen geben (die Förmchen fast vollständig füllen, denn die Creme sackt beim Stocken in der Hitze wieder etwas ein). Die Auflaufform in den Ofen schieben und die Creme ca. 40 Min. stocken lassen.
5. Förmchen aus dem Ofen holen und die Crème Brûlée in den Förmchen im Kühlschrank mind. 2 Std. vollständig abkühlen lassen.
6. Kurz vor dem Servieren 2–3 TL braunen Zucker auf der Creme verteilen und mit einem Flambiergerät flambieren, bis der Zucker schmilzt und eine braune Kruste bildet. Alternativ die gezuckerten Crème-Brûlée-Schälchen unter den Backofengrill (200°) schieben, bis der Zucker geschmolzen ist. Aber Achtung: Der Zucker wird schnell zu dunkel, daher den Ofen gut im Blick behalten.

NEW YORK CHEESECAKE

ZUTATEN FÜR 6–8 PORTIONEN:

FÜR DEN BODEN:

125 g Butterkekse, gemahlen
80 g flüssige Butter

FÜR DIE FÜLLUNG:

6 große Eier
300 g Zucker
800 g Frischkäse
250 ml Sour Cream oder Schmand
250 ml Sahne
Saft von 1 Zitrone
1 TL Vanillepaste (ersatzweise Mark von 1 Vanilleschote)
2 EL Mehl
Butter für die Form

ZUBEREITUNG:

1. Für den Boden die Butterkekse im Foodprozessor mahlen. Alternativ können Sie die Kekse auch in einen Gefrierbeutel geben und mit dem Nudelholz möglichst fein zerstoßen. Die Kekskrümel in einer Schüssel mit der flüssigen Butter vermischen. Die Mischung in einer gefetteten Springform (24 cm ø) verteilen und andrücken. In den Kühlschrank stellen.
2. Für die Füllung in einer großen Schüssel Eier, Zucker, Frischkäse, Sour Cream, Sahne, Zitronensaft, Vanillepaste bzw. Vanillemark und Mehl mit dem Handrührgerät zu einer glatten Masse verrühren.
3. Den Backofen auf 220° (Ober-/Unterhitze) vorheizen. Die Springform aus dem Kühlschrank nehmen und die Frischkäsemischung vorsichtig auf dem Keksboden verteilen. Die Form sanft auf die Arbeitsplatte stoßen, damit mögliche Luftbläschen verschwinden.
4. Den Kuchen im Ofen ca. 15 Min. backen. Danach die Temperatur auf 135° reduzieren und den Kuchen noch 1 Std. weiterbacken. Anschließend den Ofen abstellen, die Ofentür aber noch 2 Std. geschlossen halten.
5. Nach den 2 Std. den Kuchen aus dem Ofen nehmen und am besten über Nacht kalt stellen.

KAISERSCHMARRN

ZUTATEN FÜR 3–4 PORTIONEN:

30 g	Rosinen
2 EL	Rum
4	große Eier
30 g	Zucker
	Salz
1 Pck.	Vanillezucker
250 ml	Milch
125 g	Mehl
40 g	Butter
	Puderzucker zum Bestreuen

ZUBEREITUNG:

1. Die Rosinen mindestens 30 Min. in einer kleinen Schüssel im Rum einweichen.
2. Die Eier trennen. Eigelbe, Zucker, Salz und Vanillezucker schaumig rühren, bis die Masse hellgelb und cremig wird. Erst die Milch, dann nach und nach das Mehl hinzugeben und dabei immer weiterrühren. Rosinen zugeben.
3. Die Eiweiße sehr steif schlagen und vorsichtig unter die Eigelbmasse heben.
4. Die Butter in einer Pfanne erhitzen, den Teig einfüllen und bei niedriger Hitze braten, bis die Unterseite leicht gebräunt ist. Die Masse mit zwei Gabeln leicht zerreißen und die Stücke immer wieder wenden, bis alles leicht angebräunt ist.
5. Auf Tellern anrichten und mit Puderzucker bestreuen. Dazu schmeckt Zwetschgenröster.

SALZBURGER NOCKERLN

ZUTATEN FÜR 4 PORTIONEN:

4 Eier
2 zusätzliche Eiweiße
40 g Zucker
1 TL Vanillepulver
Salz
3 EL Mehl
Butter für die Form
Puderzucker zum Bestäuben

ZUBEREITUNG:

1. Backofen auf 200° (Ober-/Unterhitze) vorheizen. Eine mittlere Auflaufform mit Butter einfetten.
2. Die Eier trennen. Alle 6 Eiweiße in eine Schüssel geben und mit dem Zucker, der Vanille und einer Prise Salz aufschlagen, bis der Eischnee glänzt und kleine Spitzen zeigt.
3. Die Eigelbe locker mit dem Teigschaber unter den Eischnee heben. Das Mehl darübersieben und vorsichtig unterheben, bis eine homogene, aber immer noch luftige Masse entsteht.
4. Die Eischneemasse mit einer Teigkarte in Portionen in der gebutterten Auflaufform verteilen und dabei schöne Spitzen ziehen.
5. Die Salzburger Nockerln im Ofen (Mitte) ca. 18 Min. backen oder bis sie goldgelb geworden sind (sie sollen keinesfalls trocken, sondern innen noch cremig sein).
6. Aus dem Ofen nehmen, mit Puderzucker bestäuben und sofort servieren. Dazu passt Fruchtpüree.

REGISTER

EIER-REZEPTE

WICHTIGE HINWEISE

Alle Ratschläge und Empfehlungen in diesem Buch wurden sorgfältig recherchiert und in der Praxis erprobt. Dennoch erfolgen alle Angaben ohne Gewähr. Weder Autorin noch Verlag können für eventuelle Nachteile oder Schäden, die aus den im Buch vorgestellten Informationen resultieren, eine Haftung übernehmen. Da einige Erreger von Hühnerkrankheiten auch auf den Menschen übertragen werden können, empfiehlt es sich, im Umgang mit den Hühnern strikte Hygiene einzuhalten und nach jedem Kontakt mit den Tieren und nach Arbeiten im Stall die Hände gründlich zu waschen. Bei Verletzungen umgehend den Arzt aufsuchen und ggf. die Tetanus-Impfung auffrischen lassen. Technische Geräte im Stall sollten zu Ihrer Sicherheit ein TÜV-Prüfzeichen besitzen.

Der Onlineshop für deine Hühner
Hier gibt's:
Hochwertiges Futter: Pellets, Mehl, Ergänzungsfutter
Einstreu, Tränken, Tröge, Entertainment &
Tierwohl-Produkte
HOME
Hanfeinstreu mit Eukalyptus
Diabas Urgesteinsmehl
Legemehl
Bierhefe
Bio-Futter
20 kg Bio-Futter
Dinkelspelzen
EIERSCHACHTELN.de
Eierschachteln und Bio-Hühnerfutter

ADRESSEN UND BÜCHER

VERBÄNDE

Bund deutscher Rassegeflügelzüchter,
Dorfplatz 2,
01920 Haselbachtal OT Reichenbach,
www.bdrg.de

Verband der Hühner-, Groß - und Wassergeflügelzuchtvereine zur Erhaltung der Arten- und Rassenvielfalt,
Im Mühlfeld 19,
63456 Hanau
www.vhgw.de

Verband der Zwerghuhnzüchter-Vereine (VZV),
www.vzv.de

Rassezuchtverband österreichischer Kleintierzüchter (Sparte Geflügel),
www.rassegefluegel.at

Rassegeflügel Schweiz,
www.kleintiere-schweiz.ch

ONLINESHOPS

Alles, was Hühner brauchen
www.eierschachteln.de
www.huehner-shop.com (D)
www.meinhof.at (A)
www.bankiva.ch (CH)

Fertigställe
www.huehnerhaus-mobil.de
www.omlet.de

WEBSEITEN

Infos rund ums Huhn
www.huehner-haltung.de
www.huehner-kraeuter.de
www.huehnerhof.net
www.wiesenwissen.at/

Foren zum Austausch mit anderen Hühnerliebhabern
www.huehner-info.de/forum
www.huehner-blog.de

BÜCHER

Barber, J.: *Das Huhn – Geschichte, Biologie, Rassen.* Haupt Verlag, Bern

Husson, H.: *Alles über Hühner.* Ulmer Verlag, Stuttgart

Jodas, S./Woernle, H.: *Geflügel gesund erhalten – Krankheiten vorbeugen, erkennen und behandeln.* Ulmer Verlag, Stuttgart

Schiffer, K. J./Hotze, C.: *Hühner halten. Artgerecht und natürlich.* Franckh-Kosmos Verlag, Stuttgart

Schmidt, E.: *Hühner Basics. Hühnerhaltung für Anfänger.* Gräfe und Unzer Verlag, München

von Lüttwitz, M.: *Hühner halten. Das Rund-um-Sorglos-Paket.* Gräfe und Unzer Verlag, München

LIEBE LESERINNEN UND LESER,

wir wollen Ihnen mit diesem Buch Informationen und Anregungen geben, um Ihnen das Leben zu erleichtern oder Sie zu inspirieren, Neues auszuprobieren. Wir achten bei der Erstellung unserer Bücher auf Aktualität und stellen höchste Ansprüche an Inhalt und Gestaltung. Alle Anleitungen und Rezepte werden von unseren Autoren, jeweils Experten auf ihren Gebieten, gewissenhaft erstellt und von unseren Redakteur*innen mit größter Sorgfalt ausgewählt und geprüft.

Haben wir Ihre Erwartungen erfüllt? Sind Sie mit diesem Buch und seinen Inhalten zufrieden? Wir freuen uns auf Ihre Rückmeldung. Und wir freuen uns, wenn Sie diesen Titel weiterempfehlen, in Ihrem Freundeskreis oder bei Ihrem Online-Kauf.

Sollten wir Ihre Erwartungen so gar nicht erfüllt haben, tauschen wir Ihnen Ihr Buch jederzeit gegen ein gleichwertiges zum gleichen oder ähnlichen Thema um.

KONTAKT ZUM LESERSERVICE

GRÄFE UND UNZER VERLAG
Grillparzerstraße 12
81675 München
www.gu.de

Impressum

GU ist eine eingetragene Marke der GRÄFE UND UNZER VERLAG GmbH, www.gu.de

ISBN 978-3-8338-7709-4
2. Auflage 2025

Projektleitung: Fabian Barthel
Lektorat: Sylvie Hinderberger
Bildredaktion: Mat Kovacic, Petra Ender
Umschlaggestaltung und Layout: ki36 Editorial Design, München, Bettina Stickel, Petra Schmidt
Herstellung: Linda Wiederrecht
Satz: Christopher Hammond
Reproduktion: Medienprinzen, München
Druck und Bindung: Firmengruppe APPL, aprinta druck, Wemding
Printed in Germany

Umwelthinweis:
Nachhaltigkeit ist uns sehr wichtig. Der Rohstoff Papier ist in der Buchproduktion hierfür von entscheidender Bedeutung. Daher ist dieses Buch auf PEFC-zertifiziertem Papier gedruckt. PEFC garantiert, dass ökologische, soziale und ökonomische Aspekte in der Verarbeitungskette unabhängig überwacht werden und lückenlos nachvollziehbar sind.

Die GU-Homepage finden Sie unter www.gu.de

Bildnachweis:
Cover: Claudia Rahlmeier
Alle Fotos in diesem Buch stammen von Matias Kovacic, mit Ausnahme von:
Alamy: 14, 26-1, 26-2, 28-1, 32-3, 32-4, 145-1, 188, 233; stock.adobe.com: 32-2, 94, 97-1, 97-2, 97-3, 97-4, 150-2, 160, 162, 168, 176, 177, 178, 187, 191, 192, 194, 199, 213, 222, 236, 238, 240, 233, 145-3; Oliver Giel: 2, 25-4, 31-2, 138, 170, 180, 200, 201-2, 229; Bernhard Haselbeck: 185; www.huehner-kraeuter.de: 118, 121-1, 121-2, 121-3, 121-4; Imago: 51, 150-1; iStock: 128, 189, 204-3, 208, 234, 245-2; Laif/Guardian/Eyevine: 53; Mauritius Images: 152, 163; Claudia Rahlmeier: 4-1, 4-2, 9, 10, 18, 22, 30, 33, 54, 88, 98, 107, 134, 136, 137, 154, 221, 232, 248; Seasons Agency: 272, 276; Shutterstock: 254; Tierfotoagentur: 4-5, 25-3, 34, 36, 42, 64; Trio Bildarchiv: 4-4, 21, 25-1, 25-2, 27, 28-2, 28-4, 29, 31-3, 39, 46, 112; Katharina von der Leyen: 31-1; 31-4; 56, 82, 92, 102, 123, 144, 246, 280.
Alle Illustationen stammen von Zita Schlegel, mit Ausnahme von: Pola Studio offices, Vera Kapser und Eva Maria Kapser: 117, 183, 242; Matias Kovacic: 72.

Syndication: www.imageprofessionals.com